Serverspec

宮下 剛輔　著

Copyright © 2015 Gosuke Miyashita, O'Reilly Japan, Inc. All rights reserved.
本書の内容について、株式会社オライリー・ジャパンは最大限の努力をもって正確を期していますが、本書の内容に基づく運用結果について責任を負いかねますので、ご了承ください。
本書で使用するシステム名、製品名は、それぞれ各社の商標、または登録商標です。なお、本文中では™、®、© マークは省略しています。

まえがき

伊藤 直也

Serverspec が mizzy 氏こと宮下剛輔氏によって突如リリースされたのは 2013 年 3 月のことでした。

サーバー / インフラ構成のテストを Ruby と RSpec で簡単かつ現実的に記述できる。それは当時インフラ構成の自動化の試行錯誤を始めていた我々にとって、十分すぎるインパクトでした。

サーバー構成のテストは目視確認でなされるのが常識でしたから、その自動化には何か複雑なものが要求されるのではないかと思うのが当然のところ、Serverspec はむしろその敷居を下げることにまで成功していた。宮下氏の慧眼に感服するばかりです。

それはどのぐらい簡単で、現実的なのでしょうか？　百聞は一見にしかずです。テストコードを見てみましょう。

```
require 'spec_helper'

describe package('httpd') do
  it { should be_installed }
end

describe service('httpd') do
  it { should be_enabled }
  it { should be_running }
end

describe port(80) do
  it { should be_listening }
end
```

HTTPサーバがインストールされていて、アクティブになっていて、ポート80番で接続を待ち受けている。RSpecやRubyに馴染がなかったとしても、それでも特につまずくところはないでしょう。宣言的プログラミングの賜です。

そしてこれをRakeで実行する。

```
$ rake spec
Package "httpd"
  should be installed

Service "httpd"
  should be enabled
  should be running

Port "80"
  should be listening

Finished in 0.49673 seconds (files took 3.38 seconds to load)
4 examples, 0 failures
```

テスト対象のサーバーにSSHログインが行われ、テストが試行されます。重厚長大なツール、複雑な設定はひとつも要求されません。

このシンプリシティは"Make each program do one thing well." —— プログラムはひとつのことをうまくやれ。協調して動くプログラムを書け —— というUnix哲学、それに準じることを選択したServerspecの設計思想から導かれた成果です。Unix哲学に従うソフトウェアはその制約を受けいれることにより、てこの原理によるパワー増幅の恩恵にあずかります。Serverspecも例に漏れずです。

Serverspecは、サーバーもここ近年着実に進化してきたユニットテストの作法でテストをするのだという、サーバーテストの世界を切り拓きました。

それに食いついたのは始まりこそ日本国内のハッカーたちでしたが、その功績はアメリカで2013年のBlack Duckオープンソース・ルーキー・オブ・ザ・イヤーに(Docker等と並んで)選ばれ[†1]、IT技術のトレンド分析として名高いThoughtWorks Technology Raderにおける"Provisioning testing tools"の代表的実装としてリストアップされるなど、すぐに海外にまで拡がっていきました。

†1 https://www.blackducksoftware.com/open-source-rookies

しかし、これがただ単純にテストを自動化するツールだったならそこまで高い評価は得られなかったのではないかとも思います。

確かにServerspecはサーバーテストの自動化ツールです。しかし、その本質的価値はテスト自動化のみにあらず。RubyとRSpecを採用しアプリケーションのテストとまったく同じ作法を踏襲したことにより、結果的にバージョン管理、Continuous Integration（継続的インテグレーション）、Contiuous Delivery（継続的デリバリー）など、近年アプリケーション開発の世界のベストプラクティスとされるワークフローを手作業一辺倒のインフラ構成作業に適用することが可能になった。こうして保守的なインフラの世界にアジリティを持ち込むことに成功した。——それこそが高く評価されるべきポイントと言えるでしょう。

もちろんそれはServerspecのみによって成し遂げられたパラダイムではなく、Puppet、Chef、Ansibleなどに代表される構成管理フレームワークの台頭と相まってのことです。時流と運も味方しました。

本書はそんなServerspecを開発者本人が解説したいわば原典と言える書籍です。

原典としての魅力はやはり、その解説の正確性はもちろん、本人によってその開発の動機、背景、設計の哲学、果てはバグ修正の優先度の考え方までが赤裸々に語られていることにあります。物事をより正しく理解するには、背景を知ることが大切です。開発の背景がわかれば自ずと使い道は明らかになります。また、このツールがカバーすべき領域とそうでない領域をはっきりと認識できるようになります。場合によっては足りない機能を自ら拡張する判断すら可能になるでしょう。

さて、まえがきを書くという素晴らしい機会をいただいた中、ひとつだけ個人的なことを述べさせてください。

本書中でも語られていますがServerspecのオリジナルは、宮下氏の当時の同僚であるhiboma氏のアイデア、「RSpecでインフラをテストする」という試みに基づいているそうです。実は、hiboma氏は私の弟です。こうして自分の家族が捻りだしたアイデアが宮下氏の手によって汎用化され、世界の知るところとなり、何かの縁で兄の私がその書籍のまえがきを書くことになりました。オープンソースやインターネットを巡る因果は不思議で驚きに満ちているなと改めて感じると共に、とても嬉しく思っています。ありがとうございました。

Serverpsec —— インフラテストの世界へようこそ。

2015年1月

はじめに

本書は、Serverspec開発者自身により書かれた初のServerspecに関する書籍です。したがって、概要やその使い方といった表面的な内容は少なめにし、ドキュメント化されていないものも含めた機能の詳細、動作仕様や内部のアーキテクチャ、ソースコードレベルで拡張する方法、開発に至る経緯や開発に関する哲学など、開発者自身にしか書けないような内容をふんだんに盛り込んでいます。

また、本書の内容はServerspec v2に基づいています。まだ正式リリース前のv2 betaに基づいて内容を書き、書きながら気づいた点をv2 betaにフィードバックを行うといった「執筆駆動開発」あるいは「開発駆動執筆」とも呼べるスタイルで執筆と開発を並行して行いました。

Serverspecは筆者が今まで開発したソフトウェアの中で、最も大きな影響を筆者自身にもたらしたものであり、特別な思い入れがあります。そのため本書は、単なるServerspecに関する解説書ではなく、Serverspecに関する思いを綴ったエッセイとも言えるかもしれません。

本書の対象読者

本書の対象読者は、Serverspecというソフトウェアとその周辺について既にある程度の知識や理解があるが、Serverspecについてさらに踏み込んだ内容が知りたい、自分の手足のように使いこなしたい、もっと高度で詳細な情報を知りたい、Serverspecを自分の思い通りに拡張したい、いつでも使えるリファレンスとして手元に置いておきたい、開発者の内面を覗いてみたい、といった方々です。

また、Serverspecの根底思想には「Infrastructure as Code」や「**テスト駆動インフラ**」といったパラダイムがあります。Serverspecはサーバの構築手順をリファククタリングするためのテストツールであり、Chefレシピや Puppetマニフェスト等の「サーバの状態を記述したコード」（いわゆる**インフラコード**）をテスト対象としています。そのため、既にこのパラダイムを理解しており、サーバ、OSやミドルウェアといったソフトウェアレイヤ、Chef[†1]やPuppet[†2]等のサーバ構成管理ツールについての知識がある方が対象です。

Serverspec は RSpec という Ruby 製テストフレームワークをベースとしてつくられており、Serverspec自身もRubyで書かれています。したがってServerspecを真に使いこなすためには、RubyとRSpecの知識は不可欠です。RSpecについて学びたい方はRSpecのオフィシャルドキュメント[†3]や『The RSpec Book』[†4]などをご参照ください。また、Rubyについて学びたい方は『初めてのRuby』[†5]や『パーフェクトRuby』[†6]などをご参照ください。

本書の構成

1章はServerspecが生まれた背景や、Serverspecとはそもそも何か、その利用目的は、といった概要の説明、そして開発における哲学など、Serverspec全体を俯瞰した内容となっています。

2章ではServerspecの基本的な使い方を通じて、Serverspecのエッセンスについて紹介しています。

3章ではServerspecを実践で利用するにあたって必要となる知識やテクニックについて解説しています。

4章ではソースコードを元に、Serverspecの内部や、拡張方法について詳しく解説しています。

5章ではServerspecと組み合わせることで、より便利に活用できるツールを紹介しています。

6章ではServerspecを使用していて問題に遭遇した場合に、調査すべきポイントについて解説しています。

---

†1 https://www.getchef.com/

†2 http://puppetlabs.com/

†3 https://relishapp.com/rspec

†4 『The RSpec Book』David Chelimsky、Dave Astels、Zach Dennis 著、角谷信太郎、豊田祐司 監修、株式会社クイープ 訳（翔泳社）

†5 『初めてのRuby』Yugui 著（オライリー・ジャパン）

†6 『パーフェクトRuby』Rubyサポーターズ、すがわらまさのり、寺田玄太郎、三村益隆、近藤宇智朗、橋立友宏、関口亮一 著（技術評論社）

7章ではServerspecの今後について、筆者の考えを述べています。

付録では、リファレンスとして活用するのに便利なリソースタイプ一覧、v2での変更点、Serverspecが強く依存しているSpecinfraというライブラリのServerspec以外の利用例、Windows OSのテスト方法を解説しています。

本書の表記法

本書では以下の表記法を使います。

太字（サンプル）
新しい用語や重要な用語などを示すのに使用します。

等幅（sample）
ファイル名やディレクトリ名、コマンドやその実行結果、サンプルコードなどを示すのに使用します。

太字の等幅（sample）
コードの重要な部分や、ユーザが入力する必要があるコマンドやテキストを示すのに使用します。

このマークは本文中における補足的な情報やヒントを表します。

このマークは誤りやすいポイントを表します。

サンプルコードの使用

本書の目的は、読者の仕事を助けることです。一般に、本書に掲載しているコードは読者のプログラムやドキュメントに使用してかまいません。コードの大部分を転載する場合を除き、許可を求める必要はありません。例えば、本書のコードの一部を使用するプログラムを作成するために、許可を求める必要はありません。なお、オライリー・ジャパンから出版されている書籍のサンプルコードをCD-ROMとして販売したり配布したりする場合には、そのための許可が必要です。本書や本書のサンプルコードを引用して質問などに答える場合、許可を求める必要はありません。ただし、本書のサンプルコードのかなりの部分を製品マニュアルに転載するような場合には、そのための許可が必要です。

出典を明記する必要はありませんが、そうしていただければ感謝します。出典には宮下剛輔著『Serverspec』（オライリー・ジャパン刊）のように、タイトル、著者、出版社などを記載してください。

サンプルコードの使用について、公正な使用の範囲を超えると思われる場合、または上記で許可している範囲を超えると感じる場合は、japan@oreilly.co.jp までご連絡ください。

意見と質問

本書の内容につきましては万全を期しておりますが、制作上の過程において誤りが混入しているかもしれません。あるいはServerspecのバージョンアップによって本書執筆後に仕様が変わることもあるでしょう。本書の誤りを発見なさった場合は、お手数ですがご報告いただければ幸いです。

株式会社オライリー・ジャパン
〒160-0002 東京都新宿区坂町26番地27 インテリジェントプラザビル 1F
電話 03-3356-5227
FAX 03-3356-5263
電子メール japan@oreilly.co.jp

本書のサイトは以下の通りです。

http://www.oreilly.co.jp/books/9784873117096/

また、正誤表を次のサイトで公開しております。

http://serverspec.org/book/ja

謝辞

本書の企画は、筆者がFacebook上に書き込んだ「Serverspec: The Definitive Guide とか O'Reilly さん興味ありませんか？」という一行の書き込みから始まりました。この書き込みを見た角征典さんが編集の高恵子さんと繋いでくださることがなければ、本書の企画が実現することはありませんでした。まずはお二人に感謝したいと思います。角さんにはそれだけではなく、執筆に利用したRe:VIEW[†7]の初歩や効果的な使い方を教えていただいたり、レビューをしていただいたりと、執筆全般に渡って、大変お世話になりました。

もう一人のレビュアーである澤登亨彦さんにも、文章上の誤りや構成の問題など、筆者の目が行き届かない部分を的確にフォローしていただきました。レビュアーお二人のおかげで筆者が元々書き上げた文章よりも、はるかにわかりやすく、読みやすいものとなったと思います。本当にありがとうございます。

本書以前のServerspecに関するまとまった文章としては、論文『serverspec: 宣言的記述でサーバの状態をテスト可能な汎用性の高いテストフレームワーク』[†8]があります。論文執筆にあたって、共著者である松本亮介さんとともに、Serverspecとはそもそも何であるのかといったことを議論し煮詰めていきました。ここで議論し思考した内容が本書にも大きく影響しています。

Serverspecコントリビュータの皆さんにも感謝いたします。皆さんのおかげでServerspecは対応OSが増え、機能が豊富になり、多くの方に使ってもらえるものとなりました。

最後に、妻と5人の子供たちへ。執筆が佳境に入ると十分な家族サービスができず迷惑をかけたけれど、きっと夫が、父がこの本を書き上げた意義について理解し、誇りに思ってくれるものと信じています。

†7 https://github.com/kmuto/review
†8 http://id.nii.ac.jp/1001/00098598/

目 次

1章
Serverspecの紹介

1.1 Serverspecが生まれた経緯

2006年、筆者は当時の職場で手動だったサーバ構築を自動化するためにPuppetを使い始めました。しかし、Excelによるチェックシートを紙に印刷したものに、手動によるコマンド実行と目視で確認した結果を記入、それを上長に提出というやり方で、構築後のテストをしなければなりませんでした。このやり方を非常にダサいと感じ、せっかく構築を自動化したのだから、テストも自動化して、さらにレポーティングもいい感じにできないかという考えから、Assurerという Perl製のテストフレームワークを開発しました。

Assurerは既に開発終了していますが、ソースコードはGitHub上に置いてあります[†1]。また、YAPC::Asia 2007 Tokyoでの発表動画[†2]や発表資料[†3]に、Assurerがどのようなものであったのかの記録が残っています。

Assurerは`make test`コマンドでテストを実行し、TAP（Test Anything Protocol）[†4]形式で結果を出力するというもので、Perlでのソフトウェア開発におけるテストと同じ手法を、そのままサーバのテストにも適用するという考えのもとに開発しました。この考えはServerspecの根底にある考え方とまったく同じです。

しかし、AssurerはServerspecとは異なり、振る舞いをテストするものでした。振る舞いのテストは、状態のテストよりも要件が複雑です。また、プラグインで拡張可能、分散処理もできるなど、最初から機能を詰め込みすぎてしまいました。それが故にAssurerは複雑なものとなり、結局自分でもほとんど使うことがないまま忘れ

---

†1 https://github.com/mizzy/assurer
†2 http://tokyo2007.yapcasia.org/sessions/2007/02/assurer_a_pluggable_server_tes.html
†3 http://www.slideshare.net/mizzy/assurer-a-pluggable-server-testingmonitoring-framework
†4 http://testanything.org/

去られました。

その後Puppetは使い続けていましたが、テストの自動化について特に取り組むことはなく過ごしていました。そして2013年3月頃に、仕事で過去に筆者が書いたレガシーなPuppetマニフェストをリファクタリングすることになりました。リファクタリングするなら当然テストが必要だし、さらにテストを書くからにはCI（**継続的インテグレーション**）もしたい。その発想の元につくったのがServerspecです。

当時、同様のテストツールとして、ChefSpec[†5]、Cucumber-Chef[†6]、Test Kitchen[†7]などの存在は知っていましたが、そもそもこれらのツールはChefに依存してPuppetでは使えないという問題がありました。また、Cucumber-ChefやTest Kitchenはテストだけではなく、テスト用VMの制御やChefレシピの適用なども行うことができます。ですが、そこまでの機能は筆者には必要ありませんでした。特に多機能で複雑なツールは、自分でつくったものですら使わないという経験をAssurerでしていたので、そういったツールは避けたいという意識が働きました。

また、rspec-puppet[†8]の存在も知っていましたが、モジュール単位でPuppetマニフェストのテストを行うためのツールであり、筆者が過去に書いたレガシーなマニフェストはモジュール化すらも十分にされていなかったため、使うことができませんでした。

自分の要件に合うツールが存在しないのであればつくるしかない。というわけでServerspecの開発に着手しました。

Serverspec開発に着手するにあたって、Assurerの反省を活かし、できる限りシンプルにしよう、使うまでの敷居を低くしよう、ということを強く意識しました。この考えは現在のServerspecの根底にも流れています。

また、構築したサーバをRSpecでテストするという発想は筆者オリジナルのものではありません。前職時代の同僚であるhiboma氏[†9]が、LXCによるコンテナにChefレシピを適用した後に行うテストをRSpecで書いていて、それを真似させてもらいました。Serverspecの初期プロトタイプも彼のコードからのコピペが多く、一日、というよりも数時間で完成しています。そして次の一日で、より汎用的に使える

†5 http://sethvargo.github.io/chefspec/
†6 http://www.cucumber-chef.org/
†7 http://kitchen.ci/
†8 http://rspec-puppet.com/
†9 https://github.com/hiboma

ようにブラッシュアップして、Serverspecという名前をつけてRubyGems.org†10で公開しました。それが2013年3月24日です。

最初に公開されたバージョンは、対応しているOSはRed Hat系Linuxのみで、SSH経由でしか動作しないものでした。公開後まもなく、tkmr氏†11が複数OSに対応できるようにしてくれたり、raphink氏†12がローカル実行やSSH経由での実行を切り替えられるようにしてくれたりと、今のServerspecの根幹となる機能の開発を行ってくれました。また、tkmr氏は「**リソースタイプ**」というServerspecにおける重要な概念を実装するにあたって、的確なアドバイスもしてくださいました。その後も多くの方がGitHub上でプルリクエストを送ってくださり、現在の形になっています。

1.2 Serverspecとは何か

Serverspecは**サーバの状態**をコードにより自動的にテストするためのツールであり、Ruby製のテストフレームワークであるRSpecをベースにしています。名前の由来も、Server+RSpec=Serverspecと、直球でわかりやすい名前となっています。

ServerspecはRSpecの記法を用いてテストコードを記述します。例えば、「nginxパッケージがインストールされている」という状態をサーバが満たしていることを確認するためのテストコードは、例1-1のようになります。

例1-1　Serverspecによるテストコードの例

```
describe package('nginx') do
  it { should be_installed }
end
```

Serverspecはテスト対象のサーバ内で**UNIXコマンド**や**PowerShellコマンド**を実行してテストを行いますが、テストコードでこれらのコマンドを直接記述する必要はなく、抽象化した宣言的な形で記述することができます。OS毎のコマンドの違いは、Serverspec（正確に言うとServerspecが依存しているライブラリであるSpecinfra）が吸収してくれます。

また、コマンド実行も、ローカル実行であっても、SSHやWinRMを利用したリ

†10　https://rubygems.org/
†11　https://github.com/tkmr
†12　https://github.com/raphink

モート実行であっても、同じテストコードがそのまま利用できます。実行形式の違いもServerspec（これも正確に言うとServerspecが依存しているライブラリであるSpecinfra）が吸収してくれます。

例1-1のコードをServerspecにより実行すると、テスト対象のサーバにnginxパッケージがインストールされているかテストし、結果を表示します。テストが成功した場合の結果は次のようになります。

```
$ rake spec
/Users/mizzy/.rbenv/versions/2.1.1/bin/ruby -S rspec spec/app/nginx_spec.rb

Package "nginx"
  should be installed

Finished in 3.11 seconds
1 example, 0 failures
```

「Package "nginx" should be installed」や「1 example, 0 failures」というメッセージから、nginxパッケージがインストールされており、テストが成功していることがわかります。

テストが失敗した場合の結果は次のようになります。

```
$ rake spec
/Users/mizzy/.rbenv/versions/2.1.1/bin/ruby -S rspec spec/app/nginx_spec.rb

Package "nginx"
  should be installed (FAILED - 1)

Failures:

  1) Package "nginx" should be installed
     Failure/Error: it { should be_installed }
       sudo rpm -q nginx
       package nginx is not installed

       expected Package "nginx" to be installed
     # ./spec/app/nginx_spec.rb:4:in `block (2 levels) in <top (required)>'
```

```
Finished in 3.16 seconds
1 example, 1 failure

Failed examples:

rspec ./spec/app/nginx_spec.rb:4 # Package "nginx" should be installed
/Users/mizzy/.rbenv/versions/2.1.1/bin/ruby -S rspec spec/app/nginx_spec.rb
failed
```

「package nginx is not installed」や「1 example, 1 failure」というメッセージから、nginxパッケージがインストールされておらず、テストが失敗していることがわかります。

1.3 Serverspecの利用目的

Serverspecは元々、テスト駆動による**インフラコード開発**を目的に開発されましたが、それ以外にも次のような様々な用途に利用することができます。

1. テスト駆動によるインフラコード開発
2. サーバ構築後の確認作業の自動化
3. 稼働しているサーバの監視
4. サーバ再起動後の状態確認
5. サーバのあるべき状態の抽象化

それぞれについて詳しく見てみます。

1.3.1 テスト駆動によるインフラコード開発

Serverspecはサーバの状態をテストするためのツールであると最初に説明し、一般的にもそのような認識のされ方をしていますが、元々は、筆者が当時書いたPuppetマニフェストをリファクタリングするためのテストツールとして開発しました。Serverspecを何も知らない人や、Infrastructure as Codeの概念を知らない人にそのような説明をしてもピンと来ないだろうと思い、表向きはサーバの状態をテストするためのツールであるとしています。ですが、あくまでもServerspecの本質は

「**テスト駆動によってインフラコードの開発やリファクタリングを促進する**」ことです。

Serverspecを利用したインフラコード開発は、次のようなテスト駆動開発と似たプロセスで行われます。

1. これから書くインフラコードに対するテストコードを記述する。
2. インフラコード適用前のVMに対してテストを実行し、テストが失敗することを確認する。
3. 目的のインフラコードを書く。
4. インフラコードをVMに適用し、テストが成功することを確認する。
5. インフラコード適用前の状態にVMをロールバックする。
6. インフラコードをリファクタリングする。
7. リファクタリングしたインフラコードをVMに適用し、テストが成功することを確認する。
8. 1～7を繰り返す。

このような流れでインフラコード開発を行うことで、リズムが生まれ、気持ちよく、自信を持ってコードを書くことができるようになる、いわゆる「**デベロッパーテスティング**」がサーバインフラの世界でも実践できるようになります。

また、サーバ構成管理ツールによって構築が自動化され、テストもコードにより自動化されているとなれば、CIにより、インフラコードが変更されたら、テストも自動で行うといったことも可能となります。

1.3.2 サーバ構築後の確認作業の自動化

インフラコードのリファクタリングをサポートすることがServerspecの本来の目的と述べましたが、サーバが実際に正しく構築されているかを自動的に確認する目的でも利用することができます。Serverspecはサーバの状態をテストコードで記述して、実際にサーバに対してテストを実行する性質があるからです。

チェックシートを用いた手動と目視でのサーバ構築確認作業を、Serverspecにより自動化することが可能です。

また、構築後の確認レポートを生成するといった使い方も可能です。Serverspecのベースとなっている RSpecでは様々な出力フォーマットが用意されていますし、必要があれば自前でフォーマッタを作成することができます。

1.3.3 稼働しているサーバの監視

サーバの状態を自動的に確認するという性質から、サーバ監視に利用することもでき、実際にそのような利用のしかたをしているところもあるようです。

ただし、監視はServerspec本来の目的ではないため、監視ツールとしての機能は十分ではありません。例えば、大量のサーバに対して並列で実行するとか、閾値を設けてWARNINGやCRITICAL等レベル分けする、メール、IRC、HipChat[†13]、Slack[†14]等に通知を行うといったような、一般的な監視ツールが持っているような機能はありません。これらを実現しようと思うと、自身でつくり込む、他のツール等と組み合わせる、既存の監視ツールと連携させるといった形で実施する必要があります。

1.3.4 サーバ再起動後の状態確認

サーバ再起動というのは基本的にはそれほど頻繁に行わないものですが、頻繁に行わないからこそ、たまに行ったときに想定通りにサービスが起動しないなどのトラブルが発生します。サーバ稼働時の正しい状態をServerspecでテストコードに落とし込んでおき、サーバ再起動時に一通りテストを流すことによって、再起動後正常にサーバが稼働しているかを容易に確認することができます。また、稼働していない場合は、テストが失敗した箇所で、どの部分に問題があるのかを容易に知ることができます。

1.3.5 サーバのあるべき状態の抽象化

インフラコードの役割の1つに、サーバのあるべき状態を抽象化し、把握しやすくするというものがあります。いままではサーバ構成管理ツールがこの役目も担っていましたが、状態の定義と手続きの定義が混在するため、抽象化には不向きな面があります。そこで、抽象化はサーバ構成管理ツールの役目とせずに、Serverspecに任せてしまうことで、より高いレベルで抽象化することが可能となります。

サーバのあるべき状態の抽象化は、特に他人が書いたインフラコードの理解に役立

†13 https://www.hipchat.com/
†14 https://slack.com/

ちます（他人というのは過去の自分も含みます）。インフラコードも高度なものになると、そのコードがどういったサーバの状態をもたらすのかが理解しにくくなります。Serverspecを活用することで、それが把握しやすくなります。しかも、生きたコードとして実際にテストにも使えるため、自然言語によるドキュメントと異なり、更新漏れにより実態と乖離するといったこともありません。

1.4 Serverspecの必要性

Serverspecって本当に必要なの？　という意見もよくTwitter等で見かけますので、必要性について開発者としての意見を述べます。

もしサーバ構築を手動で行っているのであれば、Serverspecによってテストを自動化することはとても有意義です。手動での構築は自動で行うのに比べ、ヒューマンエラーによるミスが非常に起こりやすいわけですが、せめてテストだけでも自動化しておくことで、ミスが起こっても、それに気づく可能性を高めることができます。

サーバ構築にシェルスクリプト、Chef、Puppetなどを利用している場合は、コードをつくりあげていく過程で、1つ1つ確認作業を行うことになります。その確認作業が何度も繰り返し行われるようであれば、Serverspecで自動化しておくと、確認作業が非常に楽になります。また、インフラコードを書く、適用する、テストをするという一連のサイクルを自然な流れで行えるようになると、インフラコード開発にリズムが生まれ、気持ちよく作業ができます（この気持ちよさは体験してみないとわからないので、ぜひ試してみてもらいたいです）。ただし、インフラコードを一度つくりあげてしまい、その後変更の必要がないのであれば、それ以上テストコードは不要となります。確認作業を行う頻度が多いのであれば、その後テストコードが不要になるとしても、Serverspecは有用でしょう。しかし頻度が少ないのであれば、Serverspecの学習コストや、テストコードを書くことに労力を割くのは見合わないかもしれません。

ChefやPuppet等は、特に慣れてしまえば、適用後にエラーが出さえしなければ、マニフェストやレシピで定義した状態になっているはずと確信できるので、その場合はテストコードを書く必要性は薄いでしょう。インフラコードで書くことと、Serverspecのテストコードで書くことは重複する部分も多いため、徒労感や無意味さを感じることと思います。このケースではServerspecをわざわざ使うメリットはありません。

インフラコードをリファクタリングするのであれば、それをサポートするのがServerspecの存在理由なので、大いに有用です。リファクタリングした後も同じ状態になることをServerspecが保証してくれるとなれば、安心して思い切ったリファクタリングができるでしょう。

1.5 Serverspec 開発の哲学

Serverspec開発にあたっての筆者の哲学、というと少し大げさですが、スタンスというかこだわりというか、そういったものについて書いてみます。

1.5.1 導入までの敷居を下げる

せっかくつくったからには、多くの人に使ってもらいたいと思い、Serverspecはできる限り最初の導入が簡単に行えるようにしているつもりです。何より、使うための準備が面倒なツールは、たとえ自身がつくったものであっても、使う気がなくなります。したがってServerspecでは、最初の導入の敷居を下げるために、いくつかの工夫を行っています。

その1つは、専用のエージェントやソフトウェア等をインストールすることなしに動作するという点です。ServerspecはRubyでできているため、テストを実行するマシン上にはRubyが必要ですが、テスト対象のマシンには、SSHでアクセスさえできれば、何も入れる必要がありません。Serverspecの主な利用者層であるシステム管理者は、サーバに余計なソフトウェアを入れたり、特殊なデーモンを動かしたりすることを好まない人が多いと思います。筆者もそうです。したがって、導入のしやすさだけではなく、心理的な障壁を取り除く意味でも、テスト対象のサーバ側には何も入れなくてもよい仕様としています。

また、`serverspec-init`というコマンドを用意して、簡単な質問に答えるだけで、とりあえず使うために必要となるファイルを自動的に生成できるようにしています。ただし、`serverspec-init`で生成されるファイルは、あくまでもサンプルという位置づけであり、実践利用する場合には、自身でカスタマイズする必要があります。すなわち、「導入が簡単＝実践利用が簡単」を意味しているとは必ずしも言えないことに注意が必要です。

また、既に開発・サポートが終了したRuby 1.8.7でも動作するようにしてあります。これは、Red Hat Enterprise 6系でパッケージインストールで入るRubyのバージョンが1.8.7だからです。もしServerspecがRuby 1.9以降でしか動かないとなった場合、Red Hat EnterpriseやCentOSのバージョン6以前を利用している人は、新しいバージョンのRubyを自身で持ってきてビルドする必要があります。1つのツールを使うために、わざわざ自分でRubyをビルドしなければいけないとなると、その時点で使うのをやめてしまう人も多いでしょう。筆者もそうです。そのような理由により、Serverspecは今後もRuby 1.8.7での動作をサポートしていきます。

1.5.2 特定のサーバ構成管理ツールに依存しない

Serverspecと同じ領域をカバーするテストツールは、PuppetやChefなど特定のサーバ構成管理ツールに依存したものがほとんどですが、Serverspecは依存しないというポリシーで開発しています。

Serverspecによるテストコードのライフサイクルは、特定の構成管理ツールを使うライフサイクルよりも長くなると考えているからです。構成管理ツールの乗り換えというのが、どれぐらいの頻度であるのかわかりませんし、そもそも乗り換えるというケースがあまりないかもしれませんが、もし乗り換えるとなった場合には、Serverspecは、乗り換え後のツールによってもたらされるサーバの状態が、乗り換え以前と同じになることを保証してくれるので、安心して乗り換えることができるはずです。もしServerspecが特定の構成管理ツールに依存していると、ツールを乗り換えたとたんに使えなくなってしまいますし、使えないから乗り換えをやめようという阻害要因にもなりかねません。

また、Serverspecはテスト対象サーバのOSを自動判別する機能がありますが、これはPuppetのFacter[†15]やChefのOhai[†16]でも持っている機能と同等のものを、Serverspecではわざわざ自前で泥臭く実装しています。もしServerspecがPuppetやChefに依存しているのであれば、これらの便利なツールを使うことで、Serverspecで泥臭い再実装を行う必要がなくなるわけですが、これをやってしまうと、テスト対象のサーバ側にFacterやOhaiをインストールする必要がでてきます。これは先に書いた「導入までの敷居を下げる」にも反してしまいます。また、もしFacterを使ってしまうと、Puppetを使っていないのに、Puppetと強く関係があるツールに依存することになり、特定の構成管理ツールに依存しているのと、それほど差がありません。したがって、特定の構成管理ツールのみならず、その周辺ツールに

†15 https://github.com/puppetlabs/facter
†16 https://github.com/opscode/ohai

も依存しないというつくりにしてあります。

1.5.3 1つのことをうまくやる

UNIX 哲学を表す言葉の中に「1つのことをうまくやれ」というものがあり、この言葉に筆者は強く共感しています。テスト用の VM を操作する機能や、構成管理ツールとの連携など、実際にテストをするにあたって必要となる周辺機能については、Serverspec には一切持たせずに、自分でプログラムを書いて補う、あるいは他のツールに任せてしまい、Serverspec はサーバのテスト、ただそれだけをうまくやるべき、という考えです。

Serverspec に並列実行の機能を持たせていないのもこの理由によります。Serverspec は Rake[†17] タスクでテストを実行することを基本にしていますが、並列実行は Rake がサポートしているため、そちらに任せるべき、と考えています。

また、「1.1 Serverspec が生まれた経緯」でも述べたように、多機能で複雑なツールは開発した本人すら面倒で使わなくなるという経験から、できる限り機能をそぎ落としたシンプルなツールにするよう努めています。

この哲学にしたがうことで、結果的に Serverspec は他のツールとの組み合わせが容易なものとなっています。

1.5.4 開放 / 閉鎖原則

「1つのことをうまくやれ」というポリシーだと、様々なユースケースへの対応が困難になります。かといって、様々なユースケースに対応する機能を Serverspec 自身に組み込んでしまうと、筆者が忌避する多機能で複雑なツールとなってしまい、筆者自身も使わなくなり、メンテナンスできず放り投げてしまうでしょう。

そこで、オブジェクト指向プログラミングの設計原則の1つである、「開放 / 閉鎖原則」にしたがうことで、できる限り既存のコードを修正することなしに、振る舞いを変えたり機能を追加できるようにしています。

例えば、Serverspec はテスト対象のホストを管理する機能を一切持っていませんが、パラメータとして外部からホスト名を渡すことができます。そのため、ホスト管理の手法がどのようなものであれ、そこからホスト名を抽出して Serverspec に渡すような外部プログラムを書くことにより、既存のホスト管理手法との連携が可能とな

†17 https://github.com/jimweirich/rake

ります。

もう1つ例を挙げてみます。Serverspecには SSH でテスト対象のホストに接続してテストを実行する機能があります。SSH 接続の場合、パスワード認証なのか公開鍵認証なのか、公開鍵認証の場合はどの鍵を利用するのか、プロキシ経由で接続するのか、ポート番号はデフォルトの22番なのかそれ以外なのかなど、様々なオプションがあります。これらのオプションに関する設定も外部から渡せるようになっているため、Serverspec本体のコードを変更することなく、SSH 接続に関する挙動を柔軟に変更することができます。

Serverspecの振る舞いはRakefileとspec_helper.rbという2つのファイルで制御するのが基本となっています。この2つのファイルをカスタマイズするだけで、Serverspec本体のコードを変更することなく、振る舞いをある程度自由に変更することが可能です。

また、Rakefileとspec_helper.rbのカスタマイズだけでは対応できないケースでは、Serverspec自身の拡張が必要となります。その場合でも、既存のコードを修正することなく、必要なコードを追加するだけで機能拡張できるような設計となっています。

Rakefileやspec_helper.rbのカスタマイズや、Serverspec自身の拡張については、次章以降でさらに詳細に解説を行います。

1.5.5 他人のために開発しない

Serverspecというツールの存在意義がある限りは、長く継続的にメンテナンスを行っていきたいと筆者は考えていますが、それを阻害する一番の要因はServerspec開発に対するモチベーションの低下です。特に、自分のためではなく、他人（特に意見を言うだけでコードで貢献しない人）のために開発を行うことが、最もモチベーションをすり減らす要因となります。

前項で述べたように、Serverspecは開放/閉鎖原則にしたがっており、振る舞いを変えたり、機能を追加することが容易となっています。これはツールとしての拡張性を高めるという狙い以外にも、筆者にとって必要がない機能を実装しなくて済むようにするためという狙いがあります。また、自分が使わないような機能がServerspec本体に増えるとメンテナンス不能になるため、そういった事態を避けるという意味合いもあります。

なので、自分が使わない機能は、基本的には自分で実装することはありませんし、要望をもらっても実装するつもりは一切ありません。Rakefile や spec_helper.rb をカスタマイズするなり、Serverspec 本体を拡張するなりして、必要な機能を自分自身で実装してほしいというスタンスです。

ですが、要望という形ではなく、実際にコードを書いて GitHub でプルリクエストを送ってくれた場合には、例え自分が使わない機能であっても、Serverspec 本体に取り込みます。せっかく実装してくれたのだから、という思いも働きますので。

ただし、本章で述べているような Serverspec の基本方針とずれがあるような機能は取り込みません。また、取り込んでも、あとから削除する場合もあります。

このように、自分で Ruby コードを書いてカスタマイズすることが、Serverspec を使う上での前提となっています。そう聞くと要求が厳しいように思われるかもしれませんが、だからといって Ruby がまったく書けない人でも使えるようにしよう、という気はありません。Ruby がそこそこ書ける筆者にとってはそれで十分であり、Ruby がまったく書けない他人のために開発しようとは思いません。

また、筆者が困っていないバグは筆者自身では直すつもりはありません。例え Serverspec にバグがあったとしても、筆者の利用用途でそのバグに遭遇しないのであれば、それは筆者にとって存在しないも同じです。バグで困っている人がいれば、その人自身が直してプルリクエストを送ってくるべきと考えています。直すつもりのない人からのバグレポートは非常に萎えます。筆者の開発モチベーションを維持するためにも、GitHub の Issues 機能はオフにして、単なるバグレポートは受け付けないようにしています。

1.5.6 はやめのリリース、しょっちゅうリリース

著名な『伽藍とバザール』[†18] に出てくる言葉です。とはいえ、このエッセイで考察されているような理由で実践しているわけではなく、もっと単純な理由です。

Serverspec ではちょっとした機能追加やバグフィックスのプルリクエストでも、リジェクトしない限りは、できるだけ早くマージして、マージしたら即リリースするというポリシーで開発を行っています。

筆者自身、他の OSS プロダクトにプルリクエストを送ることがあります。それに対して長い間何もレスポンスがなかったり、マージされてもなかなかリリースされな

†18 http://cruel.org/freeware/cathedral.html

かったり、という状況は、プルリクエストを送る側としてはあまり好ましくはありません。プルリクエストを送ってくださる方の気持ちを考え、不便を強いないよう、できる限り早くマージしてリリースするよう努めています。

また、1つ1つのリリース間の差分を小さくすることで、不具合が起きた際の問題箇所を特定しやすくするという狙いもあります。

Serverspecの綴り

Serverspecの名前の由来が「Server+RSpec」であるため、そのまま繋げると「ServeRSpec」という綴りになりますが、バランスが悪いためServerspecを正式な綴りとしています。ただし、以前はすべて小文字の「serverspec」でしたので、引き続きこちらを使用しても問題ありません。また、プレゼンテーションスライドなどで、デザイン上の都合ですべて大文字の「SERVERSPEC」と表記することも問題ありません。ただし「ServerSpec」と、2番目の「s」を大文字で表記することは間違いです。

1.6 Serverspecのオフィシャルサイトとソースコード

Serverspecのオフィシャルサイトは`http://serverspec.org/`です。Serverspecを利用する上で必要となる情報は、基本的にすべてこちらにまとまっています。

また、ソースコードは`https://github.com/serverspec/serverspec`で公開しています。

本書ではServerspecが依存するライブラリのSpecinfraについても詳しく解説を行います。Specinfraのソースコードは`https://github.com/serverspec/specinfra`で公開しています。

1.7 Serverspecのライセンス

ServerspecはLICENSE.TXT[†19]にあるように、MITライセンスが適用されています。このライセンスの内容を日本語訳すると次のようになります。

†19 https://github.com/serverspec/serverspec/blob/master/LICENSE.txt

> Copyright (c) 2013 Gosuke Miyashita
> 以下に定める条件にしたがい、本ソフトウェアおよび関連文書のファイル（以下「ソフトウェア」）の複製を取得するすべての人に対し、ソフトウェアを無制限に扱うことを無償で許可します。これには、ソフトウェアの複製を使用、複写、変更、結合、掲載、頒布、サブライセンス、および/または販売する権利、およびソフトウェアを提供する相手に同じことを許可する権利も無制限に含まれます。
> 上記の著作権表示および本許諾表示を、ソフトウェアのすべての複製または重要な部分に記載するものとします。
> ソフトウェアは「現状のまま」で、明示であるか暗黙であるかを問わず、何らの保証もなく提供されます。ここでいう保証とは、商品性、特定の目的への適合性、および権利非侵害についての保証も含みますが、それに限定されるものではありません。作者または著作権者は、契約行為、不法行為、またはそれ以外であろうと、ソフトウェアに起因または関連し、あるいはソフトウェアの使用またはその他の扱いによって生じる一切の請求、損害、その他の義務について何らの責任も負わないものとします。

要約すると、再配布、改変、商用利用、販売など、自由にしていただいて構いません。ただし、著作権表示とライセンスの全文を記載することと、著作権者はソフトウェアに関して何ら責任を負わない、というのが条件となります。

Serverspec以外のサーバテストツール

Serverspecと同じような領域をカバーするテストツールは他にも存在しますので、ここで簡単に紹介します。

ツールの種類

以降ではテストツールを「単体テスト」、「結合テスト」、「受入テスト」、「テストハーネス」の４種類に分けて紹介します。分類は厳密なものではなく、便宜上のものと考えてください。

単体テストツール

ここに分類しているのは、PuppetマニフェストやChefレシピを実際にサーバに適用することなく、モジュールやクックブック単位でテストを行う形態のツールです。
単体テストツールにはChefSpecやrspec-puppetといったものが存在します。

結合テストツール

ここに分類しているのは、実際にサーバ構築を行った後に、サーバ内部の状態が正しく設定されているかを確認するホワイトボックステストを行う形態のツールです。

結合テストツールにはBats[†20]、minitest-chef-handler[†21]、Ansibleのassertモジュール[†22]があります。Serverspecもここに含まれます。

受入テストツール

ここに分類しているのは、実際にサーバ構築を行った後に、サーバの外部から見た振る舞いが正しいことを確認するブラックボックステストを行う形態のツールです。

受入テストツールには、Cucumber-Chef、leibniz[†23]、Infrataster[†24]があります。Infrataster については「5章　他ツールとの連携」でも取り上げます。

テストハーネス

テストハーネスはテスト用のVM作成、VMのプロビジョニング、テストの実行までを統合して行うためのツールで、Test KitchenやBeaker[†25]などが存在します。

1.8 Serverspecの究極の目標

Serverspecの究極の目標は「**システムの継続的改善**」に寄与することです。ビジネス要件は絶えず変化し、それに伴い、システムも変化し複雑になっていきます。そして、複雑さと変化に対応していくためには、継続的なテストが重要です。この観点からServerspecとは何か、というのを要約すると「**現実のシステムの複雑さと変化に対応するために、システムのあるべき状態を簡潔に記述し、継続的にテストするためのもの**」と言えます。

とは言え、Serverspecがカバーする領域は「サーバの状態のテスト」のみであり、「システムの継続的改善」のためにはもっと広範囲な領域での継続的テストが必要です。しかし、1つのツールですべてをカバーするのは無理な話です。Serverspecは

†20 https://github.com/sstephenson/bats
†21 https://github.com/calavera/minitest-chef-handler
†22 http://docs.ansible.com/assert_module.html
†23 https://github.com/Atalanta/leibniz
†24 http://infrataster.net/
†25 https://github.com/puppetlabs/beaker

「1つのことだけうまくやれ」の原則にしたがい、サーバの状態のテスト、ただそれだけを完璧にこなし、足りない分は他のツールと組み合わせることで、「システムの継続的改善」に寄与したいと考えています。

1.9　本章のまとめ

- Serverspecは筆者が過去に書いた古いPuppetマニフェストをリファクタリングするという目的で開発しました。
- ServerspecはRSpec記法で書かれたコードにより、サーバの状態を自動的にテストするためのツールです。
- Serverspecの本来の目的は、テスト駆動によってインフラコードのリファクタリングを促進することですが、それ以外にもサーバ構築後の確認作業の自動化など、様々な目的で利用できます。
- 筆者のServerspecを開発する上での哲学は「導入の敷居を下げる」「特定のサーバ構成管理ツールに依存しない」「1つのことをうまくやる」「開放/閉鎖原則」「他人のために開発しない」「はやめのリリース、しょっちゅうリリース」です。
- Serverspecの究極の目標は「システムの継続的改善」に寄与することです。

2章
初めてのServerspec

この章では、初めてServerspecに触れる方向けに、簡単な使い方を解説しながら、Serverspecのエッセンスについて紹介します。また、Serverspecを実行するマシン上にRubyがインストールされており、`gem`コマンドが使える環境を前提としていますが、環境のセットアップ方法の説明は行いません。なお、本章の実行例はすべて、Mac OS X 10.9.4上で実行したものです。

2.1 Serverspecのインストール

ServerspecはRubyGems.orgで公開されているので、`gem install`コマンドでインストールすることができます。

```
$ gem install serverspec
```

2.2 実行に必要なファイル群

Serverspecには`serverspec-init`という対話型のコマンドが付属しています。このコマンドはServerspecを実行するために最低限必要となるファイルのサンプルを自動生成するためのものです。

ただし、`serverspec-init`により生成されるファイルはあくまでもサンプルであり、Serverspecを簡単にお試し利用してもらうためのものです。また、Serverspecを利用するためには、どういった内容のファイルを用意する必要があるのかということを、サンプルを通して理解してもらうためのものでもあります。したがって、実践でそのまま利用するためのものではありません。実践にあたっては、これらのファイルを自身の環境に合うようにカスタマイズする必要があります。カスタマイズ方法については、次章以降で詳しく説明を行います。

2.2.1 serverspec-initによるファイル生成

serverspec-initを実行して必要なファイルを生成します。お試しとして手元のマシン上でテストを実行するために、OSの種類はUN*Xを、バックエンドの種類はExecを選択しています。Execはローカルでコマンドを実行してテストを行います。SSHを選択した場合には、SSHによりリモートマシン上でコマンドを実行してテストを行います。SSHバックエンドやWindowsホストに対するテストについては、次章以降で詳しく説明を行います。

```
$ serverspec-init
Select OS type:

  1) UN*X
  2) Windows

Select number:  1

Select a backend type:

  1) SSH
  2) Exec (local)

Select number: 2

 + spec/
 + spec/localhost/
 + spec/localhost/sample_spec.rb
 + spec/spec_helper.rb
 + Rakefile
 + .rspec
```

2.2.2 サンプルファイルの構成

serverspec-initにより生成されるサンプルファイルの構成は次のようになっています。

```
├── .rspec
├── Rakefile
└── spec/
    ├── localhost/
    │   └── sample_spec.rb
    └── spec_helper.rb
```

2.2.3 Rakefile

Serverspecは実行時にRakeが必須なわけではありません。ですが、Serverspec（というよりもそのベースとなっているSpecinfra）は1つのプロセスで複数のホストを扱うことを考慮していません（Specinfraについては4章で詳しく解説します）。そのため、テスト対象ホスト毎にテストタスクを分ける必要があるため、serverspec-initにより生成されるサンプルでは、Rakefileを利用してホスト毎にタスクを分けるようにしています。

Rakefileの内容は次のようになっています。

```
require 'rake'
require 'rspec/core/rake_task'

task :spec    => 'spec:all'
task :default => :spec

namespace :spec do
  targets = []
  Dir.glob('./spec/*').each do |dir|
    next unless File.directory?(dir)
    targets << File.basename(dir)
  end

  task :all     => targets
  task :default => :all

  targets.each do |target|
    desc "Run serverspec tests to #{target}"
    RSpec::Core::RakeTask.new(target.to_sym) do |t|
      ENV['TARGET_HOST'] = target
```

```
      t.pattern = "spec/#{target}/*_spec.rb"
    end
  end
end
```

このRakefileでは、spec/<hostname>/*_spec.rbといった形で、テスト対象のホスト名がspecディレクトリ直下のディレクトリ名になっていること、また、ホスト名のディレクトリの下に*_spec.rbというファイル名で、そのホストで実行するテストファイルが置かれていることを想定しています。

ただし、今回はExecでローカル実行することを選択しているため、実質的にはホスト名は意味をなしません。ホスト名は実行形式がSSHの場合には意味を持ち、このRakefileはSSHの場合でも使い回せるようになっているため、このようなつくりになっています。

また、spec/<hostname>/*_spec.rbという構成は、あくまでもサンプルで生成されたRakefileがこの構成を前提としたつくりになっているというだけで、Serverspec本体の仕様というわけではありません。ホスト毎にディレクトリをわけずに、ロール単位でわけたり、Chefを利用している場合はクックブック単位でテストをわけたりと、柔軟な対応が可能です。これについては3章以降で詳しく解説を行います。

2.2.4 spec_helper.rb

spec_helper.rbは、通常はRSpecの挙動を制御するために用いるファイルですが、Serverspecでも同様に、Serverspecの挙動を制御するために利用します。

spec_helper.rbの内容は次のようになっていて、バックエンドタイプの指定を行っています。

```
require 'serverspec'

set :backend, :exec
```

バックエンドタイプがExecの場合はこのように非常に単純ですが、SSHの場合には、SSH接続のための設定や、sudoや環境変数の設定など、様々な設定を行う必要があり、少し複雑になります。SSHやその他のバックエンドタイプを利用する場合のspec_helper.rbの内容については、3章以降で詳しく解説を行います。

2.2.5 サンプルテストコード

サンプルのテストコードである spec/localhost/sample_spec.rb の内容は次のようになっています。

```
require 'spec_helper'

describe package('httpd'), :if => os[:family] == 'redhat' do
  it { should be_installed }
end

describe package('apache2'), :if => os[:family] == 'ubuntu' do
  it { should be_installed }
end

describe service('httpd'), :if => os[:family] == 'redhat' do
  it { should be_enabled }
  it { should be_running }
end

describe service('apache2'), :if => os[:family] == 'ubuntu' do
  it { should be_enabled }
  it { should be_running }
end

describe service('org.apache.httpd'), :if => os[:family] == 'darwin' do
  it { should be_enabled }
  it { should be_running }
end

describe port(80) do
  it { should be_listening }
end
```

何をテストしているかは、詳しい説明は不要でしょう。詳しい説明がなくても、テストコードを読めば、何をテストしているのかがおおよそわかる抽象度と可読性の高さがServerspecの特長の1つです。

このサンプルでは、:if フィルタによりOSの種類毎にテストをわけられるということを示すために敢えて若干冗長な記述にしてあります。

2.3 Serverspecによるテストの実行

2.3.1 RSpecオプションの指定

serverspec-initでは、結果を見やすくするために、色づけと出力フォーマットの変更を行うための.rspecファイルも生成しています。.rspecの内容は次のようになっています。

```
--color
--format documentation
```

2.3.2 テストの実行

では、テストを実行してみます。まずはテストをわざと失敗させるために、Apacheが起動している場合には、次のコマンドを実行して停止してください。

```
$ sudo launchctl unload /System/Library/LaunchDaemons/org.apache.httpd.plist
```

この状態で実行すると、テストがすべて失敗し、次のような結果になるはずです。

```
$ sudo rake spec
/Users/mizzy/.rbenv/versions/2.1.1/bin/ruby -I/Users/mizzy/.rbenv...

Service "org.apache.httpd"
  should be enabled (FAILED - 1)
  should be running (FAILED - 2)

Port "80"
  should be listening (FAILED - 3)

Failures:

 1) Service "org.apache.httpd" should be enabled
```

```
    On host `localhost`
    Failure/Error: it { should be_enabled }
      expected Service "org.apache.httpd" to be enabled
      /bin/sh -c launchctl\ list\ \|\ grep\ org.apache.httpd

    # ./spec/localhost/sample_spec.rb:22:in `block (2 levels) in <top (required)>'

 2) Service "org.apache.httpd" should be running
    On host `localhost`
    Failure/Error: it { should be_running }
      expected Service "org.apache.httpd" to be running
      /bin/sh -c ps\ aux\ \|\ grep\ -w\ --\ org.apache.httpd\ \|\ grep\ -qv\ grep

    # ./spec/localhost/sample_spec.rb:23:in `block (2 levels) in <top (required)>'

 3) Port "80" should be listening
    On host `localhost`
    Failure/Error: it { should be_listening }
      expected Port "80" to be listening
      /bin/sh -c lsof\ -nP\ -iTCP\ -sTCP:LISTEN\ \|\ grep\ --\ :80\\\

    # ./spec/localhost/sample_spec.rb:27:in `block (2 levels) in <top (required)>'

Finished in 0.18653 seconds (files took 0.72083 seconds to load)
3 examples, 3 failures

Failed examples:

rspec ./spec/localhost/sample_spec.rb:22 # Service "org.apache.httpd" should
 be enabled
rspec ./spec/localhost/sample_spec.rb:23 # Service "org.apache.httpd" should
 be running
rspec ./spec/localhost/sample_spec.rb:27 # Port "80" should be listening
```

Serverspecでは裏でUNIXコマンドを実行してテストを行っています。テストが失敗した場合には、どのようなコマンドが実行されたのかが表示されるので、失敗の原因を探るのに役立ちます。

次にApacheを起動してみましょう。

```
$ sudo launchctl load -w /System/Library/LaunchDaemons/org.apache.httpd.plist
```

Apache起動後、再度テストを実行してみます。今度はテストがすべて成功し、次のような結果になるはずです。

```
$ sudo rake spec
/System/Library/Frameworks/Ruby.framework/Versions/2.0/usr/bin/ruby -I...

Service "org.apache.httpd"
  should be enabled
  should be running

Port "80"
  should be listening

Finished in 0.12872 seconds (files took 0.42038 seconds to load)
3 examples, 0 failures
```

Apacheを停止する場合には次のコマンドを実行します。

```
$ sudo launchctl unload /System/Library/LaunchDaemons/org.apache.httpd.plist
```

2.4 本章のまとめ

- Serverspecのインストールは`gem install`コマンドで行います。
- `serverspec-init`コマンドでServerspecを実行するために最低限必要となるファイルが生成できます。
- `Rakefile`と`spec/spec_helper.rb`という2つのファイルによりテストの実行を制御します。
- テストコードは`*_spec.rb`というファイルに記述します。
- `rake spec`コマンドによりテストを実行します。

3章
Serverspecの本格利用

3.1 RSpec

RSpecはRuby製テストフレームワークであり、ServerspecはRSpecの上に実装されています。したがってServerspecでは、RSpecがサポートしている記法や出力フォーマットなどの機能がそのまま使えます。

本書ではRSpecについての解説は特に行わず、読者は既にRSpecのことを知っているという前提でServerspecの解説を行います。ただし、RSpecについて何も触れないというわけにはいかないので、RSpecの採用理由や、歴史的経緯によりいくつかバリエーションがあるRSpec記法のうち、shouldによるワンライナー記法をなぜ筆者が好んで使っているのかといった理由についての説明を行います。

3.1.1 RSpecの採用理由

そもそも、RSpec採用の前に、なぜRubyを採用したのか、について説明します。開発を始めた当時在籍していた会社では、PHPからRubyへの移行を進めていました。この移行を決めた当の本人が筆者でした。言い出しっぺがRubyを書けないでは移行の主張にも説得力がないので、当時できる限りRubyでプログラムを書くようにしていました。したがってRubyを採用した理由は、筆者が一番利用していた言語だからです。

RSpecを採用したのも、在籍していた会社のRubyプロジェクトのほとんどでRSpecが使われていたからです。また、「1.1 Serverspecが生まれた経緯」でも触れましたが、あるプロジェクトで、同僚がLXCコンテナのテストをRSpecで行っていたことが、Serverspecの着想の元となっているから、というのもRSpecを採用した理由です。

なので、特に深い理由があって、数ある選択肢の中から慎重に検討を行った結果RSpecを採用したというわけではありません。当時の筆者と筆者が在籍する会社でよく使われていたのがRubyとRSpecだったから、というのが採用の理由です。

3.1.2 Serverspecの記法

RSpecには様々な書き方があり、ServerspecはRSpecをベースとしているため、RSpecが対応している書き方であればどの書き方でも、Serverspecで利用することができます。例えば、「nginxパッケージがインストール済み」というテストをServerspecで書く場合、大きく分けると4つのパターンがあります。

前提として、次のいずれのパターンも、documentationフォーマットで出力した場合に、次のように結果が表示されるように調整してあります。

```
Package "nginx"
  should be installed
```

1つめはObject#shouldを使うパターンです。この書き方は廃止予定となっており明示的に有効にしないと警告が表示されます。廃止予定なものをわざわざ使う理由はないため、この書き方はお勧めしません。

```
describe 'Package "nginx"' do
  it { package('nginx').should be_installed }
end
```

2つめは、RSpec 3でshouldによるワンライナー記法の代替として導入されたis_expectedを用いた記法です。これは次に説明するexpectとの対称性のために導入されたものと思われます。ワンライナー記法をexpectと混在させる場合には、shouldではなくis_expectedを用いる方が、全体として統一感がとれてよいでしょう。

```
describe package('nginx') do
  it { is_expected.to be_installed }
end
```

3つめは、RSpec開発者コミュニティが推奨しているexpectを用いた記法です。

```
describe 'Package "nginx"' do
  it { expect(package('nginx')).to be_installed }
end
```

これは次のように書くこともできます。

```
describe package('nginx') do
  it { expect(subject).to be_installed }
end
```

あるいは、次のように自然言語でテストの説明を入れる書き方もあります。

```
describe 'Package "nginx"' do
  it 'should be installed' do
    expect(package('nginx')).to be_installed
  end
end
```

一見しただけでは何をしているのかわかりにくいテストコードの場合には、こうした自然言語でテストの説明を入れる書き方が有効です。例えば、次のようなコードを見てみましょう。

```
  it { expect((command 'nginx -t').exit_status).to eq 0 }
```

このテストコードは、nginx コマンドの -t オプションの意味を知らない人には、何をテストしているのかがわかりません。

次のように、自然言語で説明を入れることで、テストコードが何をしているのかが一目瞭然となります。

```
  it 'should have valid configuration' do
    expect((command 'nginx -t').exit_status).to eq 0
  end
```

しかし、command リソース以外の Serverspec のテストコードは、一見するだけで何をテストしているのかがわかるので、冗長な感じがします。

最後はshouldを使ったワンライナー記法と呼ばれるものです。

```
describe package('nginx') do
  it { should be_installed }
end
```

筆者は、shouldワンライナー記法を用い、it 'should be installed' doといった自然言語による説明は入れないというスタイルでテストコードを記述しています。Serverspecのオフィシャルドキュメントでもこの書き方を採用しています。それは主に次のような理由によります。

- shouldワンライナーが最も簡潔で直感的に書ける。
- 自然言語による説明は、結果出力がわかりやすくなるという点ではよい。しかし、筆者は結果出力には、テストが通ったか通らなかったかだけを求めており、詳細な内容は求めていない。
- 自然言語による説明を入れると、リズム良くコードを書けなくなる。

念のために言っておくと、「RSpec 3ではshouldは廃止予定だからexpectを使うべし」といった言説をよく見かけますが、非推奨なのはObject#shouldであってワンライナー記法のshouldは特に廃止予定というわけではありません。

shouldワンライナー記法を使い続ける裏の理由

テストコードを書くことは、やりたいことの本質ではありません。Serverspecの場合、本来の目的はインフラコードを正しく維持したいということであり、テストコードを書かなくてもインフラコードを正しく維持できるのであれば、書きたくないというのが本音です。

やらなくて済むのであればやらないに越したことはないということに対して、労力を割くのは意味がなく、本末転倒なので、テストコードを書くにあたっては、覚えることはなるべく少なくしたいものです。RSpecは、記法のバリエーションや機能が多く、バージョン間の差異も大きいため、本質的ではないことに時間を割きたくないというケースにおいては、あまり適切なツールだとは言えません（自分で選択しておいてこう言うのも何ですが)。とは言え、Serverspecでテストコードを書くにあたっては、RSpecの機能や記法をフルに覚えて活用する必要はありません。

筆者がかたくなにshouldワンライナー記法にこだわるのは、「Serverspecで利用する分には、これぐらい覚えておけば十分だろう」ということと、「バージョンが変わって推奨の記法が変わっても、今までの記法がそのまま使えるのであれば、変える必要はないだろう。新しい記法に追従するのは面倒だしやりたいことの本質じゃないんだから」という主張の表れでもあります。

3.2　リソースとリソースタイプ

ここでServerspec用語で特に重要な「リソース」と「リソースタイプ」について説明しておきます。

「リソース」とは、具体的な個別のテスト対象を指します。例えば、次のテストコードではinterface('eth0')がテスト対象となるリソースです。

```
describe interface('eth0') do
  its(:speed) { should eq 1000 }
end
```

「リソースタイプ」とは、その名の通りリソースの種類を表すものです。先のコード例の場合、interface('eth0')というリソースの種類がinterfaceということになります。

interfaceはServerspecが提供するリソースタイプのうちの1つです。他にも様々なリソースタイプがあります。例えば次のテストコードには、kernel_moduleというリソースタイプが利用されています。

```
describe kernel_module('virtio_balloon') do
  it { should be_loaded }
end
```

Serverspecが提供するリソースタイプはすべて、「付録A　リソースタイプリファレンス」で網羅しています。

3.3 SSH経由でのリモートホストのテスト

では、本題であるServerspecを本格的に利用する方法について解説していきます。「2章 初めてのServerspec」ではローカルホストに対してテストの実行を行いましたが、本格的に利用するとなった場合、ローカルホストだけではなく、複数のリモートホストや、ローカルホスト上で動作しているVM（これも広義にはリモートホストと言えるでしょう）などに対してテストを行うことになります。

Serverspecには SSH経由でリモートホストに対してテストを実行する機能があります。適当な空ディレクトリで serverspec-init を実行し、SSHでテストを実行するためのサンプルファイルを生成しましょう。

```
$ serverspec-init
Select OS type:

  1) UN*X
  2) Windows

Select number: 1

Select a backend type:

  1) SSH
  2) Exec (local)

Select number: 1

Vagrant instance y/n: n
Input target host name: host001.example.com
 + spec/
 + spec/host001.example.com/
 + spec/host001.example.com/sample_spec.rb
 + spec/spec_helper.rb
 + Rakefile
 + .rspec
```

途中でVagrantとの連携に関する質問が入りますが、Vagrantとの連携については「5章 他ツールとの連携」で解説を行いますので、ここでは n を選択してください。

生成されたspec_helper.rbは次のようになっています。

```
 1: require 'serverspec'
 2: require 'net/ssh'
 3:
 4: set :backend, :ssh
 5:
 6: if ENV['ASK_SUDO_PASSWORD']
 7:   begin
 8:     require 'highline/import'
 9:   rescue LoadError
10:     fail "highline is not available. Try installing it."
11:   end
12:   set :sudo_password, ask("Enter sudo password: ") { |q| q.echo = false }
13: else
14:   set :sudo_password, ENV['SUDO_PASSWORD']
15: end
16:
17: host = ENV['TARGET_HOST']
18:
19: options = Net::SSH::Config.for(host)
20:
21: options[:user] ||= Etc.getlogin
22:
23: set :host,        options[:host_name] || host
24: set :ssh_options, options
25:
26: # Disable sudo
27: # set :disable_sudo, true
28:
29: # Set environment variables
30: # set :env, :LANG => 'C', :LC_MESSAGES => 'C'
31:
32: # Set PATH
33: # set :path, '/sbin:/usr/local/sbin:$PATH'
```

4行目でバックエンドタイプを指定しています。2章の例ではここがset :backend, :execでしたが、:execの部分が:sshに変わっています。

setはServerspec v2.0.0から導入されたヘルパーメソッドで、Specinfra.configurationに値をセットするためのシンタックスシュガーとなっています。例えば、set :backend, :sshはSpecinfra.configuration.backend = :sshと等価です。SpecinfraはServerspecのベースとなっているライブラリで、OSや実行形式の抽象化を担当しています。Specinfra.configurationにはSpecinfraの挙動を制御するための設定が格納されています。Specinfra.configurationを利用した動作のカスタマイズについては「3.5　動作のカスタマイズ」で解説します。また、Specinfraについては4章で詳しく解説を行います。

6行目から始まるブロックでは、リモートホスト上でコマンドを実行する場合の、sudoパスワードに関する設定を行います。2章の例では、sudo rake specと、ローカルホストでsudoをつけて実行しているため、パスワードが必要な場合はターミナルでパスワードプロンプトが表示され、対話式にパスワードを入力することができますが、SSHでテストを行う場合は、Serverspec内でリモートホストとのやりとりが完結するため、対話式にパスワードを入力することができません。そこで、次のいずれかの方法で、sudoパスワードを設定できるようにしています。

- 環境変数ASK_SUDO_PASSWORDに何らかの値を設定し、Serverspec実行時に表示されるパスワードプロンプトにsudoパスワードを入力する。
- 環境変数SUDO_PASSWORDの値にsudoパスワードを設定する。

ServerspecはSSHでテストを実行する場合、デフォルトでsudoをつけていますが、これは一部のOSで一部のコマンドがroot権限を要求するためです。必要なコマンドだけsudoをつけることもできなくはないですが、面倒なので一括してsudoをつけるようにしています。

17行目ではhostに環境変数TARGET_HOSTの値を設定しています。環境変数TARGET_HOSTはテスト対象となるリモートホストのホスト名が入ります。この環境変数の値はRakefileで設定されており、テストが格納されたディレクトリ名が入ります（この例ではhost001.example.com）。Rakefile中でどのように設定されているかは、「3.4　テスト対象ホストの追加」にあるコードを参照してください。

19行目では.ssh/config内のテスト対象ホストに紐づいた設定情報をNet::SSH::Config.forを利用して取得しています。

21行目では、.ssh/configでユーザ名が指定されていない場合には、カレントのユーザ名をセットするようにしています。

23行目では、.ssh/configでHostNameが設定されていればその値を、そうではない場合には、既にhostに入っている値を、SSH接続対象先のホスト名として利用するという設定を行っています。

24行目では、optionsの内容をSSH接続時に利用するために、Specinfra.configuration.ssh_optionsにセットしています。Specinfra.configuration.ssh_optionsについて詳しくは、「3.5.1　ssh_options」をご参照ください。

26行目以降では、setメソッドでSpecinfra.configurationに値を渡し動作のカスタマイズを行う方法について、コメントで記載しています。詳しくは「3.5　動作のカスタマイズ」で解説します。

3.4 テスト対象ホストの追加

本格的に利用するとなった場合、単一のホストに対してテストを実行するのはまれで、複数のホストに対して実行するのが普通でしょう。ここでは、複数ホストに対してテストを実行する場合の最も簡単な方法である、ホスト毎にディレクトリを作成するやり方について説明します。

serverspec-initで生成されるRakefileでは、ディレクトリ名をホスト名とみなすように記述されています。次がその該当部分です。

```
targets = []
Dir.glob('./spec/*').each do |dir|
  next unless File.directory?(dir)
  targets << File.basename(dir)
end
```

targetsという配列に、specディレクトリ直下のディレクトリ名が代入されています。したがって、次のように、テスト対象として追加するホストのホスト名でディレクトリを作成するだけで、新たにテスト対象ホストを増やすことができます。

```
$ cp -r spec/host001.example.com spec/host002.example.com
```

別な見方をすると、ディレクトリ名をホスト名とみなしている部分の処理を変更すれば、任意のやり方でテスト対象ホストを決められるということになります。例えば、/etc/hostsから対象ホストを取得する、Amazon EC2のAPIを叩いてホストリストを取得する、Consul[†1]から取得するなどといった応用が可能です。

3.5 動作のカスタマイズ

Specinfra.configurationを利用してSpecinfraの動作をカスタマイズすることができるということは、既に「3.3 SSH経由でのリモートホストのテスト」でも述べましたが、ここでは他にどんなカスタマイズが可能なのかを解説します。

3.5.1 ssh_options

Specinfra.configuration.ssh_optionsでは、Net::SSH.start実行時に渡すオプションを指定することができます。

serverspec-initデフォルトのspec_helper.rbは、SSHの認証は公開鍵認証で行うことを前提としていますが、パスワード認証が必要なサーバが存在する場合もあるかと思います。sudoパスワードと似たような形で、環境変数ASK_LOGIN_PASSWORDに何らかの値が入っている場合は対話式にパスワードを入力し、環境変数LOGIN_PASSWORDがセットされている場合は、その値をSSHのログインパスワードとして利用するといったことが可能です。

```
require 'highline/import'

if ENV['ASK_LOGIN_PASSWORD']
  options[:password] = ask("\nEnter login password: ") { |q| q.echo = false }
else
  options[:password] = ENV['LOGIN_PASSWORD']
end

set :ssh_options, options
```

ServerspecでOpenSSHのクライアント設定ファイルである.ssh/configを使うには、「3.3 SSH経由でのリモートホストのテスト」で解説したspec_helper.rbの例の

†1 http://consul.io/

ように、Net::SSH::Config.forで読み込んでSpecinfra.configuration.ssh_optionsに渡します。

ただし、.ssh/configで設定できるオプションが、すべて使えるわけではないことに注意が必要です。オプションで渡せる設定項目については、Net::SSH::Configのマニュアル[†2]を参照してください。

3.5.2 pre_command

pre_commandの設定を行うとServerspecで実行するコマンドの前に任意のコマンドを実行することが可能です。例えば、

```
set :pre_command, 'source ~/.zshrc'
```

といった設定がなされており、

```
describe file('/tmp') do
  it { should be_directory }
end
```

といった内容のテストを実行する場合、実際に実行されるコマンドは次のようになります。

```
source ~/.zshrc && test -d /tmp
```

3.5.3 env

Specinfra.configuration.envにハッシュを渡すことで、任意の環境変数を設定することができます。

```
set :env, :LANG => 'C', :LC_MESSAGES => 'C'
```

ただし、Net::SSHのsend_envオプションを利用してローカルの環境変数の値をリモートに送っていますので、サーバ側のsshd_configのAcceptEnvディレクティブで

†2 http://net-ssh.github.io/ssh/v2/api/classes/Net/SSH/Config.html

該当の環境変数が許可されている必要があります。

3.5.4 path

次のようにSpecinfra.configuration.pathに文字列をセットすることで、環境変数PATHを設定することができます。

```
set :path, '/sbin:/usr/local/sbin:$PATH'
```

上述のset :envと別にしているのは、基本的にはPATHはsshd_configのAcceptEnvで許可されていないのと、コマンドを実行するというServerspec/Specinfraの本質に深く関わる設定なので、敢えて他の環境変数とは別に扱っています。

3.5.5 shell

Specinfraはコマンド実行時に/bin/shを利用しますが、set :shellで任意のシェルを利用することができます。

```
set :shell, '/bin/zsh'
```

3.5.6 sudo_path

set :sudo_pathでパスを設定することで、Specinfraで利用するsudoのパスを指定することができます。

```
set :sudo_path, '/usr/sbin'
```

3.5.7 disable_sudo

Specinfraはデフォルトでsudoをつけてコマンドを実行しますが、set :disable_sudoにtrueを渡すことで、sudoなしでコマンドを実行するようにできます。

```
set :disable_sudo, true
```

3.5.8 request_pty

Specinfraでは、sudoパスワードの入力が必要な場合にはPTYを要求し、必要ない場合には要求しないようになっています。しかし、sudoパスワードの入力が必要ない場合でも、テスト対象ホストの/etc/sudoersでDefaults requirettyが設定されていると、PTYを要求しないと実行時にエラーが出ます。set :request_ptyにtrueをセットすることで、PTYを常に要求するようにできます。

```
set :request_pty, true
```

ただし、PTYが割り当てられると、標準エラー出力が標準出力と一緒になってしまうため、標準出力や標準エラー出力の内容をテストに利用している場合には注意が必要です。

3.5.9 sudo_options

set :sudo_optionsで任意のsudoコマンドオプションを渡すことが可能です。例えば、rootではなくfooというユーザで常にコマンドを実行したい場合には、次のように指定することができます。

```
set :sudo_options, '-u foo'
```

3.6 一時的な動作の変更

「3.5　動作のカスタマイズ」で紹介した方法は、恒久的な設定を行う場合について解説していますが、一時的に動作を変えて、すぐに元に戻したい、といったケースもあると思います。ここではその方法について、一時的にsudoの使用を無効にする例で解説を行います。

3.6.1 letを利用する

Serverspecには、letによって一時的にSpecinfra.configurationを書き換える機能があります。これを利用することで、例えばテストの中で一時的にdisable_sudoをtrueにすることができます。

```
describe command('whoami') do
  let(:disable_sudo) { true }
  its(:stdout) { should match /foo/ }
end
```

これはRSpec::Core::MemoizedHelpersのsubjectメソッドをオーバーライドする形で実現しています。shouldやis_expectedによるワンライナー記法では、テストの初期化時にsubjectを呼び出すので、この手法が利用できます。

しかし、次のようにexpectを利用した場合には、subjectが呼ばれないため、この手法は利用できません。

```
describe 'Command "whoami"' do
  let(:disable_sudo) { true }
  it{ expect(command('whoami').stdout).to match /foo/ } # 失敗する
end
```

expectを使う場合には、次のように明示的にsubjectを呼び出します。

```
describe command('whoami') do
  let(:disable_sudo) { true }
  it{ expect(subject.stdout).to match /foo/ }
end
```

3.6.2 aroundフックとフィルタを利用する

RSpecのaroundフックとフィルタを用いると、特定の条件のときのみ、テストの前後に処理を挟むことができます。

例えば、spec_helper.rbで次のようなフックを定義します。

```
RSpec.configure do |c|
  c.around :each, :sudo => false do |example|
    set :disable_sudo, true
    example.run
    set :disable_sudo, false
  end
end
```

この例では、:sudo => falseのあるExample Group内でのみ、先に定義したaroundフックが有効になります。

```
describe command('whoami'), :sudo => false do
  its(:stdout) { should match /foo/ }
end

describe command('whoami') do
  its(:stdout) { should match /root/ }
end
```

3.7 specファイルを複数のホストで共有

「3.4 テスト対象ホストの追加」で解説した方法では、ホスト毎にディレクトリを作成してspecファイルを置いていました。しかしこのやり方では、同じ役割を持つホストが複数ある場合、まったく同じ内容のspecファイルがいくつも存在することになります。そうなると、テストを書き換えるときには、いくつものspecファイルに対して同じ変更を行う必要があり、管理が面倒です。

そこで、複数のホストでspecファイルを共有する方法について、いくつかのパターンを紹介します。

3.7.1 シンボリックリンクを利用する

一番単純なのは、シンボリックリンクを使う方法です。host001.example.comというホスト用のspecファイルがspec/host001.example.comディレクトリにあり、同じ役割を持つhost002.example.comというホストを追加した場合、新たにspec/host002.example.comというディレクトリを作成してspec/host001.example.com内のspecファイルをコピーするのではなく、spec/host002.example.comからspec/host001.example.comへのシンボリックリンクを、プロジェクトルートで次のコマンドを実行して作成します。

```
$ ln -s ./host001.example.com spec/host002.example.com
```

この方法は、serverspec-initで生成されたRakefileとspec_helper.rbのカスタマ

イズがまったく必要ないという点で非常に楽ですが、ホストが増えるたびにディレクトリを増やす必要があるため、ホストの増減が多い環境には向いていません。

また、一部のテストは共通だが、すべて共通というわけではないというケースには対応できません。

3.7.2 ロール毎にspecファイルをまとめる

2番目の方法は、サーバのロール毎にディレクトリを作成し、specファイルをまとめる方法です。

例として、appロール、dbロール、proxyロールという3つのロールが存在するという状況を想定します。この場合、ファイル/ディレクトリ構成は次のようになります。

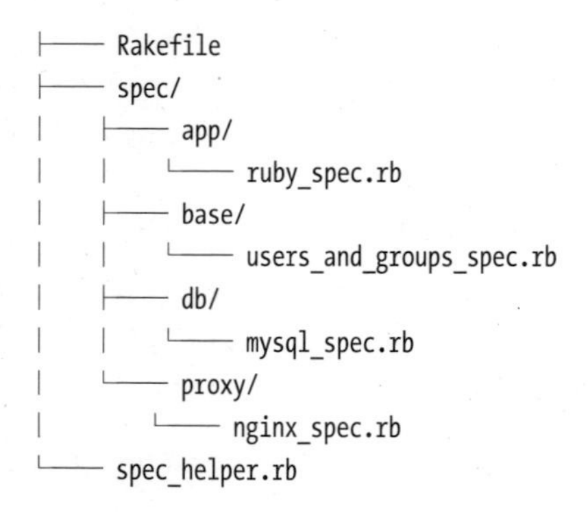
├── Rakefile
├── spec/
│ ├── app/
│ │ └── ruby_spec.rb
│ ├── base/
│ │ └── users_and_groups_spec.rb
│ ├── db/
│ │ └── mysql_spec.rb
│ └── proxy/
│ └── nginx_spec.rb
└── spec_helper.rb

Rakefileの内容は次のようになります。ロール名+数字というホスト名を想定して、Rakefileの中にハードコードしています。実際の運用にあたっては、外部にある情報をひっぱってくる形になると思いますが、基本は変わりません。

```
require 'rake'
require 'rspec/core/rake_task'

hosts = %w(
  proxy001.example.com
  proxy002.example.com
  app001.example.com
```

```
    app002.example.com
    db001.example.com
    db002.example.com
  )

  task :spec => 'spec:all'

  namespace :spec do
    task :all => hosts.map {|h| 'spec:' + h.split('.')[0] }
    hosts.each do |host|
      short_name = host.split('.')[0]
      role       = short_name.match(/[^0-9]+/)[0]

      desc "Run serverspec to #{host}"
      RSpec::Core::RakeTask.new(short_name) do |t|
        ENV['TARGET_HOST'] = host
        t.pattern = "spec/base,#{role}/*_spec.rb"
      end
    end
  end
```

spec_helper.rb は serverspec-init で生成されたものがそのまま利用できます。

この方法であれば、「一部のテストは共通だが、すべて共通というわけではない」というケースにも対応できます。ただし、コードは重複してしまいます。例えば、app と proxy には共通だが db には不要なテストコードがある場合に、app と proxy のコードが重複します。RSpec の shared examples という機能を利用することで、このような重複を排除することも可能ですが、shared examples を導入すると複雑性が増すため（筆者があまり好きではないため）、ここでは説明を行いません。DRY 原則の適用も行き過ぎると複雑さが増すため、適切なバランスをとることも重要です。

shared examples についてはオフィシャルドキュメント†3 などをご参照ください。

3.7.3 モジュール毎に spec ファイルをまとめる

ロール毎にまとめるのとは異なる方法として、Puppet や Chef などのサーバ構成管理ツールを利用している場合に、構成管理ツール固有のモジュール毎にテストをま

†3 https://www.relishapp.com/rspec/rspec-core/docs/example-groups/shared-examples

とめる方法があります。構成管理ツール固有のモジュールとは、Puppetではそのままモジュール、Chefではクックブックと呼ばれているものです。ここではChefのクックブック単位でテストをまとめる例について紹介します。

この方法では、次のようなファイル/ディレクトリ構成をとります。

```
├── Rakefile
├── nodes/
│   ├── app001.example.com.json
│   ├── app002.example.com.json
│   ├── db001.example.com.json
│   ├── db002.example.com.json
│   ├── proxy001.example.com.json
│   └── proxy002.example.com.json
├── roles/
│   ├── app.json
│   ├── db.json
│   └── proxy.json
├── site-cookbooks/
│   ├── mysql/
│   │   └── spec/
│   │       └── mysql_spec.rb
│   ├── nginx/
│   │   └── spec/
│   │       └── nginx_spec.rb
│   └── ruby/
│       └── spec/
│           └── ruby_spec.rb
└── spec/
    └── spec_helper.rb
```

nodesディレクトリには各ホストがどのロールに属しているかを記述します。例えばnodes/app001.example.com.jsonの場合は次のように、appロールに属していることを示します。

```
{
    "run_list": [
        "role[app]"
```

```
    ]
}
```

roles ディレクトリにはロール毎のファイルがあり、各ロールがどのレシピを実行するのかを記述します。例えば、roles/app.json では nginx レシピを実行するように記述します。

```
{
    "run_list": [
        "recipe[nginx]"
    ]
}
```

テストファイルは各クックブックの spec ディレクトリ以下に置きます。例えば、nginx クックブックのテストファイルは site-cookbooks/nginx/spec/nginx_spec.rb に次ような内容で置きます。

```
require 'spec_helper'

describe package('nginx') do
  it { should be_installed }
end
```

Rakefile は次のような内容とします。

```
require 'rake'
require 'rspec/core/rake_task'

require 'json'

def get_roles(node_file)
  roles = []
  JSON.parse(File.read(node_file))['run_list'].each do |role|
    roles << role.gsub(/role\[(.+)\]/, '\1')
  end
  roles
```

```
end

def get_recipes(role)
  recipes = []
  JSON.parse(File.read("roles/#{role}.json"))['run_list'].each do |recipe|
    recipes << recipe.gsub(/recipe\[(.+)\]/, '\1')
  end
  recipes
end

namespace :spec do
  all = []

  Dir.glob('nodes/*.json').each do |node_file|
    recipes = []

    get_roles(node_file).each do |role|
      recipes << get_recipes(role)
    end

    recipes.flatten!

    node       = File.basename(node_file, '.json')
    node_short = node.split('.')[0]

    all << node_short

    desc "Run serverspec to #{node_short}"
    RSpec::Core::RakeTask.new(node_short) do |t|
      ENV['TARGET_HOST'] = node
      t.pattern = "site-cookbooks/#{recipes.join(',')}/spec/*_spec.rb"
    end
  end

  task :all => all
end
```

この方式では、ロール別にまとめる場合と比較して、テストコードの重複を減らすことができますが、使用しているサーバ構成管理ツールに依存したコードを書く必要があります。また、サーバ構成管理ツールを乗り換える際には、ロール毎にまとめる場合と比較して、修正点が多くなります。

筆者はロール毎にまとめるやり方がより汎用性が高いため好みですが、一長一短がありますので、お好きなやり方を採用してください。

3.8 ホスト固有情報の利用

ホスト固有の情報（OSの種類など）を利用してテストを書きたい、といったケースもありますので、その方法について解説します。

3.8.1 set_property メソッドと property メソッド

Serverspec のベースになっている Specinfra では、簡易的なデータ置き場として利用するための、set_property と property という 2 つのヘルパーメソッドを提供しています。

set_property メソッドはハッシュを引数として受け取ります。

```
set_property { 'key1' => 'value1', 'key2' => 'value2' }
```

set_property に渡されたハッシュは、任意の場所で property メソッドにより取得することができます。

```
puts property['key1'] # value1
puts property['key2'] # value2
```

利用例として、データベースサーバで /etc/my.cnf に正しい値の innodb_buffer_pool_size が設定されているかテストしたい、ただし、サーバ毎に適切な値は異なるというケースを考えます。

まずサーバ毎の innodb_buffer_pool_size の値が書かれた JSON ファイルを用意します。ここではファイル名を properties.json とします。

```
{
  "host001.example.com": {
```

```
    "innodb_buffer_pool_size": 1024
  },
  "host002.example.com": {
    "innodb_buffer_pool_size": 2048
  }
}
```

spec_helper.rbで次のように記述することで、properties.jsonを読み込み、テスト対象ホストに設定された値のみをset_propertyに渡すことができます。

```
require 'json'
host = ENV['TARGET_HOST']
set_property JSON.parse(File.read('properties.json'))[host]
```

ここでセットされたハッシュは、テストコード中の任意の場所でpropertyメソッドにより呼び出すことができます。specファイルの中で次のように記述することで、各ホスト毎にinnodb_buffer_pool_sizeが正しく設定されているかをテストすることができます。

```
require 'spec_helper'

describe file('/etc/my.cnf') do
  its(:content) { should match
    /^innodb_buffer_pool_size = #{property['innodb_buffer_pool_size']}/ }
end
```

3.8.2 osメソッド

Specinfraではosというヘルパーメソッドが用意されており、テストコードの任意の場所でテスト対象ホストのOSに関する情報を取得することができます。osメソッドが返す値は、:family, :release, :archのキーを持つハッシュです。例えば、Ubuntu 14.04 x86_64の場合には、次のような情報が取得できます。

```
puts os # {:family=>"ubuntu", :release=>"14.04", :arch=>"x86_64"}
```

osメソッドを利用することで、OS毎の微妙な差異を吸収したテストコードを書くことができます。例えば、Apache HTTP Serverのパッケージ名はディストリビューション毎に異なりますが、次のように書くことで、Red Hat系ディストリビューションとDebian系ディストリビューションの両方に対応したテストコードを書くことができます。

```
if os[:family] == 'redhat'
  apache_package = 'httpd'
elsif os[:family] == 'debian' || os[:family] == 'ubuntu'
  apache_package = 'apache2'
end

describe package(apache_package) do
  it { should be_installed }
end
```

また、RSpecの**フィルタ**と組み合わせることで、Red Hat系ディストリビューションのみを対象としたテストを書くこともできます。

```
describe package('httpd'), :if => os[:family] == 'redhat' do
  it { should be_installed }
end
```

Specinfraが対応しているOSやディストリビューションは、2014年11月現在、次の通りです。

- AIX
- Arch Linux
- Cumulus Linux
- Mac OS X
- Debian
- FreeBSD
- Gentoo Linux
- NixOS
- OpenBSD
- openSUSE

- Plamo Linux
- Red Hat Linux
- SmartOS
- Solaris
- SUSE Linux
- Ubuntu
- Windows

3.9 任意コマンドの実行

Serverspecでは次のように、commandリソースタイプによって、任意のコマンドの実行結果をテストすることができます。

```
describe command('whoami') do
  its(:stdout) { should match /root/ }
end
```

テスト目的でコマンドを実行するのではなく、テストの前処理としてコマンドを実行したい、という場合もあるかもしれません。

その際、あらかじめSpecinfraで用意されているコマンドであれば次のように実行することができます。

```
ret = Specinfra::Runner.get_interface_speed_of(i)
```

Specinfraで用意されていないコマンドであれば、次のように実行することができます。

```
ret = Specinfra::Runner.run_command("ip route | grep default | awk '{ print $3 }'")
```

いずれもSpecinfra::CommandResultオブジェクトが返ります。Specinfra::CommandResultオブジェクトにはsuccess?、failure?、stdout、stderr、exit_statusという5つのメソッドがあり、それぞれの意味は次の通りです。

success?
: 終了ステータスが0ならtrue

failure?
　終了ステータスが0以外ならtrue

stdout
　標準出力の内容

stderr
　標準エラー出力の内容

exit_status
　終了ステータス

他にもexit_signalというメソッドが実装されていますが、これは今のところ使われていません。

任意にコマンドを実行できる機能の使い道ですが、筆者の場合「4.8　Serverspec自身のテスト」において、OSやディストリビューション毎のNIC名の違い（eth0やenp0s3など）を吸収するために、次のようにifconfigコマンドでNIC名を取得してテストを行っています。

```
i = Specinfra::Runner.run_command("ifconfig | head -1 | awk '{ print $1}' | sed -e
's/://'").stdout.strip

describe interface(i) do
  its(:speed) { should eq 1000 }
end
```

実際にテストを行う際にこの機能を使うことはあまりないかもしれませんが、覚えておくと便利です。

Execバックエンドでは、標準エラー出力を標準出力にリダイレクトしています。これはRuby 1.8.7の仕様上の制約により、標準エラー出力を得ることができないためです(Serverspecがいまだに Ruby 1.8.7をサポートしている理由は「1.5.1　導入までの敷居を下げる」を参照してください)。そのため、Specinfra::CommandResultオブジェクトのstdoutメソッドの返り値は、標準出力と標準エラー出力が混じった結果となり、stderrメソッドの返り値は空文字列となります。
また、「3.5.8　request_pty」でも触れましたが、SSHバックエンドの場合でも、

PTY割り当てを要求している場合には、標準エラー出力が標準出力と一緒になってしまうので、Execバックエンドの場合と同様になります。
stdoutメソッドやstderrメソッドで想定通りの結果が得られない場合には、これらの点を確認してみてください。

3.10 並列実行

Serverspecには並列実行の機能を用意していません。Rakeと組み合わせて実行することを前提としていますので、並列実行はすべてRakeに任せています。並列実行を行うには、次のようにrakeコマンドにオプションを与えます。

```
$ rake spec -j 10 -m
```

並列実行はRakeに任せてServerspecでは実装しないと割り切ることによって、コードをシンプルに保つことができています。

3.11 様々なバックエンド

これまでの内容でExecとSSHバックエンドを紹介しましたが、その他のバックエンドについても解説します。

3.11.1 LXCバックエンド

LXCバックエンドを利用すると、LXCコンテナに対してテストを実行することができます。この際、Serverspecはコンテナが動いているホスト上で実行する必要があります。また、lxc-extra gemをあらかじめインストールしておく必要があります。

```
$ gem install lxc-extra
```

LXCコンテナに対してテストを実行するためのspec_helper.rbは次のようになります。基本的には、set :backend, :lxcでLXCバックエンドを指定し、set :lxc, '<container name>'でLXCコンテナの名前を指定するだけです。テストコードは他のバックエンドと同様のものが利用できます。

```
require 'serverspec'

set :backend, :lxc
set :lxc, 'ubuntu01'
```

テストの実行方法は、他のバックエンドと同様です。ただし、LXC に関する権限上、sudo をつける必要があります。

```
$ sudo rake spec
```

3.11.2 Docker バックエンド

Docker バックエンドを利用すると、Docker コンテナに対してテストを実行することができます。Docker コンテナに対してテストを実行する場合、Docker が動いているホスト以外からでも、Docker API にアクセスできれば実行が可能です。Serverspec を実行するホスト上で docker-api gem をあらかじめインストールしておく必要があります。

```
$ gem install docker-api
```

Docker コンテナに対してテストを行うためには、`set :backend, :docker` で Docker バックエンドを指定し、`set :docker_url, 'http://<docker api host>:<port>'` で Docker API URL を指定、`set :docker_image, '<image name>'` でテスト対象の Docker イメージを指定します。

```
require 'serverspec'

set :backend,      :docker
set :docker_url,   'http://localhost:2375'
set :docker_image, 'ubuntu'
```

テストの実行方法は、他のバックエンドと同様です。

```
$ rake spec
```

3.11.3 その他のバックエンド

ここで紹介したExec、SSH、LXC、Docker以外にも次のようなバックエンドがあります。

- Cmd
- WinRM
- ShellScript
- Dockerfile

CmdとWinRMはWindowsホストに対してテストを実行するためのバックエンドです。CmdはWindowsホスト上で直接コマンドを実行してテストするためのバックエンドです。WinRMはリモートのWindowsホストに対しテストを実行するためのバックエンドです。WinRMについては「付録D　Windowsのテスト」で解説します。

ShellScriptバックエンドとDockerfileバックエンドは、Serverspecで利用することはないため、これらについてはコラムで解説します。

ShellScriptバックエンドとDockerfileバックエンド

ShellScriptバックエンドとDockerfileバックエンドは、Specinfraによるコマンド実行を実際に行うわけではなく、実行するコマンドをシェルスクリプトまたはDockerfileの形式で出力するものです。

例えば、ShellScriptバックエンドを利用する場合には、次のようなコードを書きます。

```
require 'specinfra'
require 'specinfra/helper/set'
include Specinfra::Helper::Set

set :backend, :shell_script
set :os, :family => 'redhat'

Specinfra::Runner.install_package('nginx')
```

実際にコマンドを実行しないため、OSの自動判別ができませんので、明示的にOSを指定する必要があります。

これを実行すると次のような出力が得られます。

```
$ ruby shell_script_backend.rb
#!/bin/sh

yum -y install nginx
```

OSを変更してみます。

```
require 'specinfra'
require 'specinfra/helper/set'
include Specinfra::Helper::Set

set :backend, :shell_script
set :os, :family => 'ubuntu'

Specinfra::Runner.install_package('nginx')
```

実行すると次のような結果が得られ、OSに合わせたコマンドが出力されていることがわかります。

```
$ ruby shell_script_backend.rb
#!/bin/sh

DEBIAN_FRONTEND='noninteractive' apt-get -y install nginx
```

Dockerfileバックエンドを利用するには、次のようなコードを書きます。

```
require 'specinfra'
require 'specinfra/helper/set'
include Specinfra::Helper::Set

set :backend, :dockerfile
set :os, :family => 'ubuntu'

Specinfra.backend.from('ubuntu')
Specinfra::Runner.install_package('nginx')
```

`Specinfra.backend.from`でDockerfileのFROMを指定しています。

実行すると次のような出力が得られます。

```
$ ruby dockerfile_backend.rb
FROM ubuntu
RUN DEBIAN_FRONTEND='noninteractive' apt-get -y  install nginx
```

これらのバックエンドが存在する理由について説明します。

筆者は、configspec[†4]という、サーバを使い捨てにすることを前提として、冪等性や収束化といった要素を排除した、簡易的なサーバ構成管理ツールを開発しました。これは、次のようなRSpec記法を用いたコードを実行すると、nginxパッケージがインストールされるというものです（configspecは現在開発を中止しています）。

```
describe package('nginx') do
  it { should be_installed }
end
```

またある日、Dockerを触っていた際に、Dockerfileに記述する内容がシェルスクリプトと変わりなく、抽象度が低すぎて、少し複雑なことをやろうとすると、苦労しそうだなという印象を抱きました（Dockerfileで複雑なことをやろうとするのがそもそもの間違いかもしれませんが）。

そこでふと、configspecでDockerfileを吐き出すようにすれば、直接Dockerfileを書かずに、より抽象化された形でDockerコンテナをつくることができるのではないかと思いつき、実装したのがDockerfileバックエンドです。ShellScriptバックエンドは、Dockerfileの内容がシェルスクリプトと大差ないため、ほぼそのまま転用できそうだな、とついでのような形で実装しました。

まだ、この機能を利用したサーバ構成管理ツールは出てきていませんが、今後出てくるものと期待しています。

3.12 テストコードの指針

この章の最後として、Serverspecによるテストコードを書く際の指針について整理してみます。

3.12.1 テストコードを書き始めるタイミング

テストコードを書き始めるタイミングについてですが、様々なケースが考えられます。

†4 https://github.com/serverspec/configspec

新規システム

まず、新規にシステムを構築する場合、最初の段階からテストを書く必要はないでしょう（もちろん書いてもよいですが）。新規構築の場合、最初はとりあえずサーバ構成管理ツールは使わずに、手動やシェルスクリプトで構築することが多いと思います。そしてある程度構築手順が固まってくると、サーバ構成管理ツールの導入を考えることになります。このタイミングでテストコードを書いておくことによって、手動やシェルスクリプトで構築した手順を、サーバ構成管理ツールのコードに正しく落とし込めているかを確認するのに役立てることができます。また、サーバ構成管理ツールを導入しない場合であっても、試行錯誤して確立した構築手順やシェルスクリプトを、改めて整理することもあると思います。その際にも、整理した手順やシェルスクリプトが、整理前と同じ状態をもたらすことを確認するためにテストコードが役立ちます。

また、最初からサーバ構成管理ツールを使う場合でも、寿命が短いシステムであったり、インフラコードを今後リファクタリングする必要がまったくないということであれば、特にテストコードを書く必要はありません。しかし、今後システムを長く使い続ける予定であれば、インフラコードをリファクタリングする必要性は必ず出てきますので、そのときに備えてテストコードを書いておくとよいでしょう。

既存システム

新規ではなく既存システムでテストコードがない場合も、そのシステムが今後も長く使われるものであれば、テストコードを書いておくとよいでしょう。長く使われるシステムであれば、システムのあるべき状態（インストールされているミドルウェアやそのバージョン、設定情報など）は必ず変化していきます。あるべき状態が変化するということは、その状態をもたらす構築手順やインフラコードにも変更が必要となります。テストコードがあることによって、安心して構築手順やインフラコードの変更を行うことができます。

インフラコードのモジュール化

Puppet モジュールや Chef クックブックを作成する際にも、テストコードを合わせて書いておくとよいでしょう。単純なモジュールやクックブックであればテストコードはなくてもよいですが、複雑な場合は Serverspec によるテストコードを含めておくことで、第三者（未来の自分も含む）が見て、そのモジュールやクックブックが何をするものなのか、どういう状態をサーバにもたらすものなのかがわかりやすくなります。しかも、テストコードは実際に動かして確認することもできる生きたドキュメントにもなります。

3.12.2 どのような観点でテストコードを書くべきか

次に、何らかのサーバ構成管理ツールを使っていることを前提として、どのような観点で、どこまでテストコードを書くべきかについて筆者の考えを述べてみます。

サーバ構成管理ツールを信頼する

テストコードを書く大前提として、利用しているサーバ構成管理ツールを信頼し、インフラコードを書く自分や他人を信頼しないという立場に立ちましょう。この立場に立つことによって、どこまでテストコードを書くべきか、的確に判断ができるようになるはずです。

例えば、次のようなPuppetマニフェストで考えてみます。

```
package { 'nginx':
  ensure => '1.6.0'.
}
```

このマニフェストに対する次のようなテストコードを書くとします。

```
describe package('nginx') do
  it { should be_installed.with_version('1.6.0')
end
```

もし、「Puppetが正しく動作するか不安なので、指定のパッケージが指定のバージョンできちんとインストールされているかテストしたい」という考えでこのテストコードを書くとしたら、それはナンセンスです。そこが信頼できないのであれば、そのツールの使用はやめるべきです。この場合は、「Puppetマニフェストを書く人がパッケージ名を間違えたり、記述を削除したりするかもしれない」「バージョンが変わると事故が起きる可能性があるため、誤ってバージョンを書き換えたり、勝手にアップデートされたりしないようにしておきたい」という理由でしたら、このテストコードに大いに意味があります。

このように同じテストコードでも、どういった見方をするかによって存在意義は変わってきます。繰り返しますが、サーバ構成管理ツールを信頼し、インフラコードを書く人間を信頼しないという立場に立って、テストコードを書きましょう。それにより、どういった内容で、どこまでテストコードを書くべきか、的確に判断ができるようになります。

サーバとしての役目を果たすのに必須な部分をテストする

サーバ構成管理ツールを信頼するという立場に立てば、インフラコードによってもたらされる状態をすべてテストコードに落とし込むことは、苦労が多い割にはメリットが少ないと理解できるでしょう。すべてを落とし込まずに、サーバとしての役割を果たすために、必須となる部分のみをテストコードに落とし込みましょう。例えば、Nginxによるリバースプロキシサーバの場合、次のようなテストコードがあれば、おそらく十分でしょう。

```
describe package('nginx') do
  it { should be_installed }
end

describe service('nginx') do
  it { should be_running }
  it { should be_enabled }
end
```

これだけだと、設定が正しくなされ、期待通り動作するかはテストできないと思われるかもしれません。それについては次で説明します。

設定内容の詳細まではテストしない

設定ファイルの詳細な内容までServerspecでテストするのは、労が多い割にはメリットが少ないと筆者は考えています。設定が漏れているとセキュリティ上重大な問題を引き起こすなどといった、影響度の大きい設定についてはテストを行うべきでしょう。それ以外のものについては、詳細な設定内容を1つ1つServerspecでテストするのではなく、設定によってもたらされる振る舞いを、Serverspec以外のツールでテストを行う方が、より効率良くテストができるはずです。幸い、振る舞いをテストするためのInfrataster というRSpecベースのツールがありますので、詳細な設定内容をテストしたいということであれば、Infrasterの利用を検討しましょう。Infrataster については「5章　他ツールとの連携」でも取り上げます。

セキュリティ上重要な部分をテストする

詳細な設定内容まではテストすべきではないと述べましたが、セキュリティ上重要な設定項目については、漏れがないようServerspecでテストすべきであると筆者は考えます。

例えば、サーバ上で管理用のsshdが動いていて、セキュリティのためにポート番号を変更しており、パスワードログインは許可していないという場合を考えます。この場合、それらの設定が確実になされていることを確認するために、次のようなテストコードがあるとよいでしょう。

```
describe package('openssh-server') do
  it { should be_installed }
end

describe service('sshd') do
  it { should be_enabled }
  it { should be_running }
end

describe file('/etc/ssh/sshd_cofig') do
  its(:content) { should match /^Port 2222/ }
  its(:content) { should_not match /^PasswordAuthentication yes/ }
end
```

サーバのあるべき状態を抽象化する

インフラコードとテストコードをセットで書く場合、そのインフラコードによりもたらされるサーバの内部状態を端的に表すテストを書くとよいでしょう。インフラコードが単純な場合には、テストコードはなくても構いません。ですが、インフラコードが複雑な場合には、そのコードがもたらすサーバの状態をテストコードで端的に表すことによって、インフラコードの意図が明確になります。これは第三者からコードレビューを受ける際には非常に重要なポイントとなります。

また、インフラコードを適用した後にテストコードを流すことによって、サーバが確実に意図した状態になっているかを確認することもできるので、第三者がレビューを行う際に、目視だけではなく実際に動かして確認することもできますし、CIにより自動でテストを行うといったことも可能になります。

テストの目的を明確にする

以上、テストコードを書く際の観点についていくつか述べましたが、一番重要なのは、何を目的としてテストコードを書くかを明確にし、常に意識することでしょう。

「1.3　Serverspecの利用目的」で触れたような目的や、それ以外の目的もあると思いますが、「1.6　Serverspecの究極の目標」で述べたように、目的がいずれであっても、Serverspecが目指すところはシステムの継続的な改善をサポートすることだと筆者は考えています。インフラコードの変更、パッケージアップデート、OSアップデート等によって、意図しない状態になることがないか、常にテストを回して確認する。そのために必要なテストは何か、ということを常に意識することが、テストコードを書く際に最も重要だと筆者は考えます。

3.13　本章のまとめ

- Serverspecのベースとなるテスティングフレームワークに RubyとRSpecを採用したのは、筆者や筆者のまわりでたまたまよく使っていたからです。
- RSpecの記法にはいくつかのバリエーションがありますが、筆者はServerspecにおいてはshouldワンライナー記法を好んで利用しています。ですが、他の方に強制するものではありませんので、お好きな記法を利用してください。
- Serverspecにおける重要な用語としてリソースとリソースタイプがあります。リソースは具体的なテスト対象、リソースタイプはその種類を表しています。
- SSH経由でリモートホストをテストするための雛形も serverspec-init で生成できます。

- specディレクトリ以下にホスト名でディレクトリを作成するだけで、テスト対象ホストを増やすことができます。
- SpecinfraはServerspecのベースとなっているライブラリで、OSや実行形式の抽象化を担当しています。
- `Specinfra.configuration`を利用してSpecinfraの動作をカスタマイズすることができます。
- `Specinfra.configuration`は、恒久的な設定を行う場合に利用しますが、`let`を用いることで一時的に動作をカスタマイズすることも可能です。
- 複数のホストでspecファイルを共有する方法には、シンボリックリンクを使う方法、ロール毎にディレクトリを作成する方法、モジュール毎にspecファイルをまとめる方法などがあります。
- 簡易データ置き場として利用するための、`set_property`と`property`という2つのヘルパーメソッドを用意しています。
- `os`メソッドでテスト対象ホストのOS情報を取得することができます。
- `Specinfra::Runner`を直接呼び出すことで、任意のコマンドを実行することができます。
- 並列実行の機能はServerspec/Specinfraにはないので、Rakeの並列実行機能を利用してください。
- Exec、SSH、LXC、Docker、Cmd、WinRM、ShellScript、Dockerfileといった様々なバックエンドが存在します。
- テストコードを書くにあたって、次の項目を指針とするとよいでしょう。
  - 利用しているサーバ構成管理ツールを信頼し、インフラコードを書く自分や他人を信頼しない。
  - サーバとしての役目を果たすのに必須な部分をテストする。
  - 設定内容の詳細まではテストしない。詳細をテストしたくなったら、ServerspecではなくInfrataster を利用して振る舞いをテストする。
  - セキュリティ上重要な部分は漏れがないようしっかりテストに落とし込む。

- サーバのあるべき状態を抽象化し、インフラコードがもたらす状態を明確にする。
- テストの目的を明確にする。

4章 Serverspec内部の詳細

4.1 Serverspecのアーキテクチャ

Serverspecの実体は、ServerspecとSpecinfraにわかれています。SpecinfraはOSの違いや実行形式の違いを吸収してくれるコマンド実行レイヤー、ServerspecはSpecinfraをRSpecのDSLで呼び出すためのラッパー、といった位置づけとなっています。

実際のプログラムコード上の構成とは異なりますが、概念的なものを図示すると図4-1のようになります。

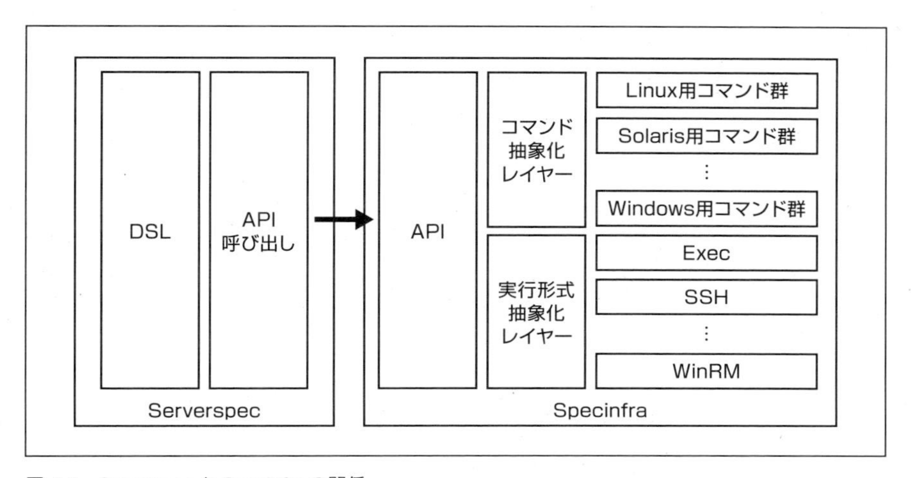

図4-1　ServerspecとSpecinfraの関係

実際のプログラムコード上での関係を図示すると図4-2のようになります。

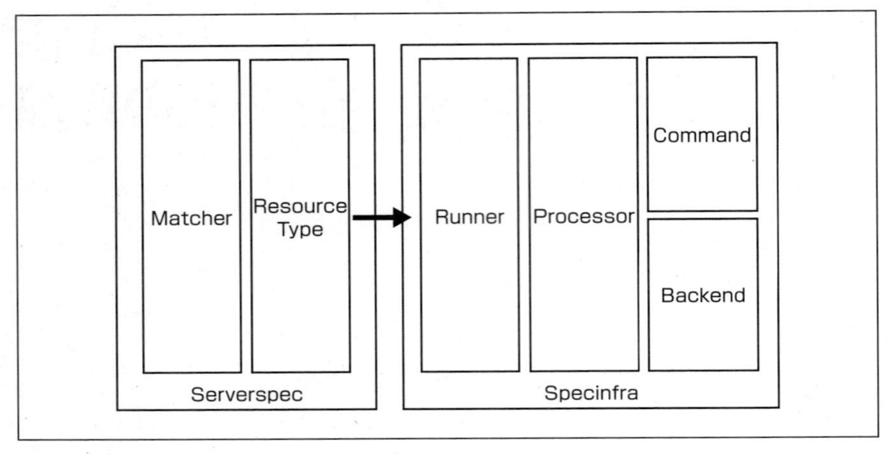

図 4-2　Serverspec と Specinfra のコード上の関係

ソースコードのレイアウトを図示すると、Serverspec は例 4-1、Specinfra は例 4-2 のようになります。

例 4-1　Serverspec のコードレイアウト

```
serverspec/
├── commands/
│   └── base.rb
├── helper/
│   └── type.rb
├── helper.rb
├── matcher/
│   ├── be_enabled.rb
│   ├── be_executable.rb
│   ├── ...
│   ├── have_site_bindings.rb
│   └── have_virtual_dir.rb
├── matcher.rb
├── setup.rb
├── subject.rb
└── type/
    ├── base.rb
    ├── cgroup.rb
```

```
    ├── ...
    ├── yumrepo.rb
    └── zfs.rb
```

例 4-2 Specinfra のコードレイアウト

```
specinfra/
├── backend/
│   ├── base.rb
│   ├── cmd.rb
│   ├── docker.rb
│   ├── dockerfile.rb
│   ├── exec.rb
│   ├── lxc.rb
│   ├── powershell/
│   │   ├── command.rb
│   │   ├── script_helper.rb
│   │   └── support/
│   ├── shell_script.rb
│   ├── ssh.rb
│   └── winrm.rb
├── backend.rb
├── command/
│   ├── base/
│   │   ├── cron.rb
│   │   ├── file.rb
│   │   ├── ...
│   │   ├── yumrepo.rb
│   │   └── zfs.rb
│   ├── base.rb
│   ├── linux/
│   │   ├── base/
│   │   │   ├── file.rb
│   │   │   ├── interface.rb
│   │   │   ├── ...
│   │   │   ├── yumrepo.rb
│   │   │   └── zfs.rb
│   │   └── base.rb
│   ├── linux.rb
│   ├── module/
```

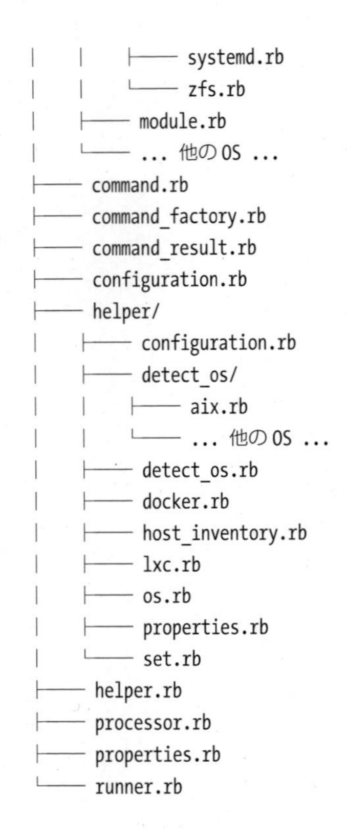

```
|   |   ├── systemd.rb
|   |   └── zfs.rb
|   ├── module.rb
|   └── ... 他のOS ...
├── command.rb
├── command_factory.rb
├── command_result.rb
├── configuration.rb
├── helper/
|   ├── configuration.rb
|   ├── detect_os/
|   |   ├── aix.rb
|   |   └── ... 他のOS ...
|   ├── detect_os.rb
|   ├── docker.rb
|   ├── host_inventory.rb
|   ├── lxc.rb
|   ├── os.rb
|   ├── properties.rb
|   └── set.rb
├── helper.rb
├── processor.rb
├── properties.rb
└── runner.rb
```

図4-2のMatcherは`serverspec/matcher`以下のコードによって処理される部分、Resource Typeは`serverspec/type`以下で定義されている、`file`や`package`などのテスト対象となるリソースタイプです。

各Resource Typeは`specinfra/runner.rb`を呼び出します。`specinfra/runner.rb`は`specinfra/processor.rb`という、バックエンドでのコマンド実行結果を処理するためのレイヤーを呼び出します。Specinfraの基本動作は、コマンドをそのまま実行するだけですが、処理内容によっては、コマンドを実行して得た結果に対してさらに処理を行う必要があります。それを処理するためのレイヤーが`specinfra/processor.rb`で定義されています。処理の必要のないものは、Processor部分では何も行わず、バックエンドで処理したものをそのまま返します。Backendレイヤーは、Commandレイヤーから取得したテスト対象ホストのOSに応じたコマンドを、指定された実行形式（ローカル実行やSSH経由での実行など）に応じて実行します。

おおまかな処理の流れは以上となりますが、次節ではこの処理の流れを具体的なコードとともに見ていきます。

4.2 Serverspecの処理の流れ

4.2.1 リソースオブジェクトの生成

次のテストコード中のfile('/tmp')は、リソースを表すオブジェクトです。

```
describe file('/tmp') do
  it { should be_directory }
end
```

リソースオブジェクトの生成は例4-3のようなコードで行われています。

例4-3 serverspec/helper/type.rb

```
module Serverspec
  module Helper
    module Type
      types = %w(
        base cgroup command cron default_gateway file group host
        iis_website iis_app_pool interface ipfilter ipnat iptables
        kernel_module linux_kernel_parameter lxc mail_alias package
        php_config port ppa process routing_table selinux service user
        yumrepo windows_feature windows_hot_fix windows_registry_key
        windows_scheduled_task zfs
      )

      types.each {|type| require "serverspec/type/#{type}" }

      types.each do |type|
        define_method type do |*args|
          name = args.first
          eval "Serverspec::Type::#{type.to_camel_case}.new(name)"
        end
      end
```

```
    end
  end
end
```

動的にメソッドを定義しているため少しわかりにくいですが、具体的にはtypes配列内の各リソースタイプに対して、次のようなメソッドを定義しています。

```
def file(name)
  Serverspec::Type::File.new(name)
end
```

4.2.2 itsの処理

次のようなテストコードの場合、テスト対象はuser('root')というリソースオブジェクトです。

```
describe user('root') do
  it { should exist }
end
```

Serverspecでは次のようなitsを利用したテストコードも書くことができます。

```
describe interface('eth0') do
  its(:speed) { should eq 1000 }
end
```

この場合テスト対象は、interface('eth0')というリソースオブジェクトではなく、interface('eth0').speedで取得できる値です。Serverspec::Type::Interfaceのspeedメソッドは例4-4のように定義されています。

例4-4 serverspec/type/interface.rb

```
module Serverspec::Type
  class Interface < Base
    def speed
      ret = @runner.get_interface_speed_of(@name)
      val = ret.stdout.strip
```

```
      val = val.to_i if val.match(/^\d+$/)
      val
    end

    def has_ipv4_address?(ip_address)
      @runner.check_interface_has_ipv4_address(@name, ip_address)
    end
  end
end
```

itsを利用せずにexpectを利用する場合には次のように書くことができます。

```
describe 'Network Interface eth0'
  it 'should have speed 1000' do
    expect(interface('eth0').speed).to eq 1000
  end
end
```

4.2.3 マッチャの処理

RSpec標準のマッチャ

マッチャとはテスト対象が期待した値を持つかをテストするための比較用メソッドです。例えば、次のテストコードの場合は、RSpec標準で用意されているマッチャeqを使用しています。

```
describe default_gateway do
  its(:ipaddress) { should eq '192.168.10.1' }
end
```

この場合、マッチャの処理はRSpecが行ってくれるので、Serverspec側では特に何も行っていません。

Predicateマッチャ

RSpec標準で用意されていないマッチャの場合はServerspec側で処理を行う必要

があります。例えば、次のようなテストコードを例に見てみます。

```
describe file('/var/run/unicorn.sock') do
  it { should be_socket }
end
```

この場合、file('/var/run/unicorn.sock').socket?が呼ばれます。be_socketからsocket?への変換はRSpecが行っています。RSpecはこのように、be_xxxxxというマッチャがあればxxxxx?というメソッドを呼び出す、という動作をします。socket?メソッドは例4-5のように定義されています。

例4-5 serverspec/type/file.rb

```
module Serverspec::Type
  class File < Base
    def socket?
      @runner.check_file_is_socket(@name)
    end
    ...
```

同様に、have_xxxxxというマッチャがあればhas_xxxxx?というメソッドを呼び出します。例えば次のテストコードでは、interface('eth0').has_ipv4_address?('192.168.10.10')という処理が呼び出されます。

```
describe interface('eth0') do
  it { should have_ipv4_address('192.168.10.10') }
end
```

be_xxxxxやhave_xxxxx以外にも、existもあります。次のコードではuser('root').exists?が呼び出されます。

```
describe user('root') do
  it { should exist }
end
```

Serverspec カスタムマッチャ

Predicate マッチャ以外のマッチャの場合には、マッチャの定義が必要になります。次のテストコードを例に見てみます。

```
describe user('apache') do
  it { should belong_to_group 'apache' }
end
```

belong_to_group というマッチャは be でも have でもはじまっていないため、RSpec がそのままでは処理できません。そこで、例 4-6 のコードのように RSpec::Matchers.define を利用してマッチャを定義し、そのマッチャが呼ばれた場合に処理する内容を定義します。

例 4-6　serverspec/matcher/belong_to_group.rb

```
RSpec::Matchers.define :belong_to_group do |group|
  match do |user|
    user.belongs_to_group?(group)
  end
end
```

これにより user('apache').belongs_to_group?('apache') が呼び出されます。

マッチャのチェイニング

マッチャをドットで繋げることでさらに条件を絞りこんでテストすることができます。次のようなテストコードでは、パッケージがインストールされているかだけではなく、gem パッケージであること、また、バージョンが 2.0.0 であることもテスト条件に入っています。

```
describe package('serverspec') do
  it { should be_installed.by('gem').with_version('2.0.0') }
end
```

これは例 4-7 のように定義することで実現できます。

例 4-7 serverspec/matcher/be_installed.rb

```
RSpec::Matchers.define :be_installed do
  match do |name|
    name.installed?(@provider, @version)
  end

  chain :by do |provider|
    @provider = provider
  end

  chain :with_version do |version|
    @version = version
  end
end
```

これにより package('serverspec').installed('gem', '2.0.0') が呼ばれます。

Predicate マッチャの場合は RSpec::Matchers.define によるマッチャの定義は不要でしたが、チェイニングを行う場合は Predicate マッチャであっても、RSpec::Matchers.define による定義が必要となります。

4.2.4 Specinfra::Runner の呼び出し

ここまでで、マッチャが処理され、リソースオブジェクトのメソッドを呼び出すところまでの説明を行いました。リソースオブジェクトのメソッドのほとんどが Specinfra のコードを呼び出しています。例えば、次のようなテストコードについて見てみます。

```
describe lxc('ct01') do
  it { should exist }
end
```

この場合、例 4-8 のような Serverspec::Type::Lxc 内での定義にしたがい、@runner.check_lxc_container_exists('ct01') が呼ばれます。

例 4-8 serverspec/type/lxc.rb

```
module Serverspec::Type
  class Lxc < Base
    def exists?
      @runner.check_lxc_container_exists(@name)
    end
    ...
  end
end
```

@runner はすべてのリソースタイプクラスの親クラスである Serverspec::Type::Base で例 4-9 のように定義されています。

例 4-9 serverspec/type/base.rb

```
module Serverspec::Type
  class Base
    def initialize(name=nil)
      @name   = name
      @runner = Specinfra::Runner
    end

    ...

  end
end
```

つまり、@runner.check_lxc_container_exists('ct01') は Specinfra::Runner.check_lxc_container_exists('ct01') と等価です。このように、Specinfra の呼び出しは Specinfra::Runner クラスのメソッドを実行することで行われます。

4.2.5 Specinfra::Runner で行う処理

Specinfra::Runner のコードは例 4-10 のようになっています。

例 4-10 specinfra/runner.rb

```
1: module Specinfra
2:   class Runner
```

```
 3:     def self.method_missing(meth, *args)
 4:       backend   = Specinfra.backend
 5:       processor = Specinfra::Processor
 6:
 7:       if ! os.include?(:family) || os[:family] != 'windows'
 8:         if processor.respond_to?(meth)
 9:           processor.send(meth, *args)
10:         elsif backend.respond_to?(meth)
11:           backend.send(meth, *args)
12:         else
13:           run(meth, *args)
14:         end
15:       else
16:         if backend.respond_to?(meth)
17:           backend.send(meth, *args)
18:         else
19:           run(meth, *args)
20:         end
21:       end
22:     end
23:
24:     private
25:     def self.run(meth, *args)
26:       cmd = Specinfra.command.get(meth, *args)
27:       ret = Specinfra.backend.run_command(cmd)
28:       if meth.to_s =~ /^check/
29:         ret.success?
30:       else
31:         ret
32:       end
33:     end
34:   end
35: end
```

Specinfra::Runnerが行う処理は、大きくわけて次の3つのケースがあります。

1. Specinfra::Processorで処理を行う場合
2. Specinfra::Backend::*のメソッドを実行する場合

3. シェルコマンドを実行する場合

それぞれについて説明します。

Specinfra::Processorで処理を行う場合

Serverspec/Specinfraは基本的にはシェルコマンドを実行するだけで終わる処理がほとんどです。しかし、シェルコマンドだけではやりにくい複雑な処理の場合には、シェルコマンドを実行して得た結果をRubyコードで処理するといったことを行います。これを行うのがSpecinfra::Processorです。

例えば、ファイルがowner、group、othersのいずれか、あるいはすべてから読み取り可能かテストする処理は、筆者はシェルコマンドですっきり書ける自信がなかったため、次のように、シェルコマンドを実行して文字列で得たパーミッションを、8進数へ変換した上でビット演算を行って判別するという形をとっています。

例4-11のコードの4行目、5行目がシェルコマンドを実行している部分ですが、この後の「シェルコマンドを実行する場合」で説明する処理と同様ですので、ここでは詳しい説明を割愛します。

例4-11 specinfra/processor.rbの一部

```
 1: module Specinfra
 2:   class Processor
 3:     def self.check_file_is_readable(file, by_whom)
 4:       cmd = Specinfra.command.get(:get_file_mode, file)
 5:       mode = sprintf('%04s',Specinfra.backend.run_command(cmd).stdout.strip)
 6:       mode = mode.split('')
 7:       mode_octal = mode[0].to_i * 512 + mode[1].to_i * 64
 8:                  + mode[2].to_i * 8 + mode[3].to_i * 1
 9:       case by_whom
10:       when nil
11:         mode_octal & 0444 != 0
12:       when 'owner'
13:         mode_octal & 0400 != 0
14:       when 'group'
15:         mode_octal & 0040 != 0
16:       when 'others'
17:         mode_octal & 0004 != 0
```

```
18:         end
19:       end
20:     end
21: end
```

ちなみに、Windowsの場合には、Specinfra::Processorで処理が行われることはありません。理由は、単に今のところ必要としていないから、です。将来的に必要になった場合には、Windows用のSpecinfra::Processorが追加されるかもしれません。

Specinfra::Backend::*のメソッドを呼び出す場合

呼び出されたメソッドがSpecinfra::Processorでは実装されていないが、バックエンドクラスで実装されている場合には、バックエンドクラスを呼び出します（例4-10 11行目）。

例えば、基本的にすべてのバックエンドクラスでは、コマンドを実行するためのrun_commandメソッドを実装しているので、直接コマンドを指定して実行したい場合には、Specinfra::Runner.run_command('ls -l /')のようにコマンドを指定して実行することができます。

また、Serverspecでは利用しませんが、Specinfra::Backend::ExecとSpecinfra::Backend::Sshではsend_fileというメソッドが実装されています。

バックエンドクラスについての詳しい解説は「4.4 バックエンドクラス」で行います。

シェルコマンドを実行する場合

Specinfra::ProcessorでもSpecinfra::Backendでも実装されていないメソッドがSpecinfra::Runnerに対して呼び出された場合、対応するシェルコマンドが実行されます（例4-10 13行目と25行目以降）。

コマンド実行は、次の2つのステップで実行されます。

1. コマンドクラスから実行するコマンドを取得
2. バックエンドクラスにコマンドを渡して実行

例4-10 26行目で、コマンドクラスから実行すべきコマンドを取得しています。例えば、Specinfra::Runner.check_file_is_directory('/tmp') が呼ばれた場合、実行すべきコマンドはSpecinfra.command.get('check_file_is_directory', '/tmp') で取得します。

取得したコマンドをバックエンドクラスのオブジェクトに渡して実行しているのが例4-10 27行目です。ret にはSpecinfra::CommandResult オブジェクトが入ります。

check で始まるメソッドの場合には、Specinfra::CommandResult オブジェクトではなく、Specinfra::CommandResult の success? メソッドを実行したものが返ります（例4-10 29行目）。success? メソッドは、コマンド実行結果の exit status が 0 の場合は true を、0 以外の場合は false を返します。

check で始まるメソッド以外の場合は、Specinfra::CommandResult オブジェクトをそのまま返します。

Serverspec/Specinfra の処理の流れは以上です。全体の流れを把握してもらうために、コマンドクラスとバックエンドクラスは詳細に立ち入りませんでしたが、この2つはSpecinfra の根幹をなす非常に重要なクラスですので、次節以降でさらに詳しく解説します。

4.3　コマンドクラス

4.3.1　コマンドクラスの概要

コマンドクラスは、実行したい内容に応じて、実行対象ホストのOSの種類やバージョンを判別し、適切なコマンドを返すためのクラスです。

例えば、パッケージがインストールされているか確認したい、という場合には、Red Hat系OSの場合はrpm コマンドを、Solaris の場合にはpkg コマンドを利用しますが、Specinfra ではSpecinfra.command.get(:check_package_is_installed, '<package_name>') を呼ぶことで、Red Hat系OSの場合にはrpm -q <package_name> を、Solaris の場合にはpkg list -H <package_name> が取得できます。

Specinfra.command.get の最初の引数は、シンボル、文字列、どちらでも大丈夫です。

このように、Specinfra を利用すると、OSの違いを気にすることなく、統一的なインターフェースでコマンドを実行することができます。

4.3.2 コマンドクラスの構成

specinfra/command/base.rb ではすべてのコマンドクラスの親となる Specinfra::Command::Base クラスが定義されています。このクラスにはすべてのコマンドクラスで共通となる処理や例外クラスが定義されています。

Specinfra::Command::Base のサブクラスには次のものが存在します。

```
Specinfra::Command::Base::Cron
Specinfra::Command::Base::File
Specinfra::Command::Base::Group
Specinfra::Command::Base::Host
Specinfra::Command::Base::Interface
Specinfra::Command::Base::Ipfilter
Specinfra::Command::Base::Ipnat
Specinfra::Command::Base::Ip6tables
Specinfra::Command::Base::Iptables
Specinfra::Command::Base::KernelModule
Specinfra::Command::Base::LxcContainer
Specinfra::Command::Base::MailAlias
Specinfra::Command::Base::Package
Specinfra::Command::Base::Port
Specinfra::Command::Base::Ppa
Specinfra::Command::Base::Process
Specinfra::Command::Base::RoutingTable
Specinfra::Command::Base::Selinux
Specinfra::Command::Base::SelinuxModule
Specinfra::Command::Base::Service
Specinfra::Command::Base::User
Specinfra::Command::Base::Yumrepo
Specinfra::Command::Base::Zfs
```

Specinfra でも Serverspec と同様にリソースタイプという概念を導入し、リソースタイプ毎にコマンドを定義できるようにしています。

さらに、OS 毎のサブクラスが存在します。例えば、Linux 用サブクラスとしては次のものが存在します。

```
Specinfra::Command::Linux
Specinfra::Command::Linux::Base
Specinfra::Command::Linux::Base::File
Specinfra::Command::Linux::Base::Interface
Specinfra::Command::Linux::Base::Iptables
Specinfra::Command::Linux::Base::KernelModule
Specinfra::Command::Linux::Base::LxcContainer
Specinfra::Command::Linux::Base::Package
Specinfra::Command::Linux::Base::Ppa
Specinfra::Command::Linux::Base::Selinux
Specinfra::Command::Linux::Base::SelinuxModule
Specinfra::Command::Linux::Base::Service
Specinfra::Command::Linux::Base::Yumrepo
Specinfra::Command::Linux::Base::Zfs
```

Specinfra::Command::Linux クラスと Specinfra::Command::Linux::Base クラスは名前空間を定義しているだけで、実体はありません。各リソースタイプ用クラスは Specinfra::Command::Base::<Resource_Type> を継承しています。例えば、Specinfra::Command::Linux::Base::File は Specinfra::Command::Base::File を、Specinfra::Command::Linux::Base::Interface は Specinfra::Command::Base::Interface を継承しています。

Specinfra::Command::Linux::Base 以下のクラスは、Specinfra::Command::Base 以下のクラスのうち、Linux 用にコマンドを変更する必要があるものだけ作成し、さらに変更や追加の必要があるメソッドのみ実装しています。

例えば、SELinux をテストするためのコマンドは Linux 以外には必要ないため、Specinfra::Command::Base::Selinux では次のように何もコマンドを定義していません。

```
class Specinfra::Command::Base::Selinux < Specinfra::Command::Base
end
```

それに対して Specinfra::Command::Linux::Base::Selinux では、例 4-12 のように SELinux をテストするためのコマンドを定義しています。

例 4-12　specinfra/command/linux/base/selinux.rb

```
class Specinfra::Command::Linux::Base::Selinux < Specinfra::Command::Base::Selinux
  class << self
```

```
    def check_has_mode(mode)
      cmd = ""
      cmd += "test ! -f /etc/selinux/config || (" if mode == "disabled"
      cmd += "getenforce | grep -i -- #{escape(mode)} "
      cmd += "&& grep -i -- ^SELINUX=#{escape(mode)}$ /etc/selinux/config"
      cmd += ")" if mode == "disabled"
      cmd
    end
  end
end
```

Specinfra::Command::Base::Selinuxでは何も定義されていないため、クラス自体が必要ないのでは、と思われるかもしれません。ですが、これは「コマンドクラスは必ず1つ上の階層の、同じリソースタイプのクラスを継承する」というルールを課すことによって、コードを書くときに迷わないようにするために必要なものです。

例えば、このルールにしたがう場合、Specinfra::Command::Linux::Base直下の各リソースタイプ用クラスは必ずSpecinfra::Command::Base直下の同じリソースタイプのクラスを継承します。ところが、Specinfra::Command::Base::Selinuxクラスを作成せずに、Specinfra::Command::Linux::Base::Selinuxクラスを作成した場合、このクラスはSpecinfra::Command::Baseクラスを継承しなければいけません。このように、あるリソースタイプのクラスは、対応する親リソースタイプクラスを継承するのに、別なものはリソースタイプクラスではなく、すべての親クラスであるSpecinfra::Command::Baseクラスを継承するといった形になると、一貫性がなくコードを書くときに迷う恐れがあります。コードに一貫性を持たせて書くときに迷わないようにするために、親クラスでは子に存在するすべてのリソースタイプクラスを持つ、という構成にしています。

Linux系OSはさらにディストリビューションが細分化されます。Red Hat系OS用には次のようなコマンドクラスが用意されています。

```
Specinfra::Command::Redhat
Specinfra::Command::Redhat::Base
Specinfra::Command::Redhat::Base::File
Specinfra::Command::Redhat::Base::Iptables
Specinfra::Command::Redhat::Base::Package
```

```
Specinfra::Command::Redhat::Base::Service
Specinfra::Command::Redhat::Base::Yumrepo
```

Specinfra::Command::Redhat と Specinfra::Command::Redhat::Base は名前空間定義用で実体はありません。その他の各リソースタイプ用クラスは、Specinfra::Command::Linux::Base 以下の同種のリソースタイプクラスを継承しています。

また、同じOSでもバージョンによってコマンドが違う場合があります。このような場合は、バージョン毎にサブクラスを作成します。具体的な例として、Red Hat Enterprise 7を取り上げます。このバージョンからは、サービスの管理にSysVinitに変わってsystemdが使われるようになっており、サービス関連のコマンドが変わっています。したがって、Specinfra::Command::Redhat::Base::Service の内容では対応できないため、新たに Specinfra::Command::Redhat::V7::Service というクラスを作成し、Specinfra::Command::Redhat::Base::Service を継承するという方法で対応しています。

```
class Specinfra::Command::Redhat::V7::Service <
  Specinfra::Command::Redhat::Base::Service
  class << self
    include Specinfra::Command::Module::Systemd
  end
end
```

このクラスでは直接メソッドを定義するのではなく、Specinfra::Command::Module::Systemd を include することで定義しています。systemdのように、OSやディストリビューションの種類を問わず使われるコマンドは、モジュールの形で切り出して再利用性を高めています。systemdと同じようにモジュールに切り出しているものとして、他には Specinfra::Command::Module::Zfs があります。

Linux と Red Hat 系 OS を元に、コマンドクラスの構成について解説しましたが、他のOSでも基本は同じです。specinfra/command.rb を覗くと、対応しているすべてのOSやバージョンがリストアップされており、クラスの継承関係もコメントで書いていますので、気になる方は一読してみてください。

4.3.3 コマンド取得の仕組み

コマンドクラスからコマンドを取得すると、OSやバージョンにあったものが適切に得られますが、その仕組みについて解説します。

例として、Specinfra.command.get(:check_package_is_installed, 'nginx')が呼ばれた場合の動作を元にします。

Specinfra.commandの実体はSpecinfra::CommandFactoryクラスです。したがってSpecinfra.command.get(:check_package_is_installed, 'nginx')はSpecinfra::CommandFactory.get(:check_package_is_installed, 'nginx')と等価です。

Specinfra::CommandFactory.getは例4-13のように定義されています。

例4-13 specinfra/command_factory.rbの一部

```
 1: class Specinfra::CommandFactory
 2:   class << self
 3:     @@types = nil
 4:
 5:     def get(meth, *args)
 6:       action, resource_type, subaction = breakdown(meth)
 7:       method =  action
 8:       method += "_#{subaction}" if subaction
 9:       command_class = create_command_class(resource_type)
10:       if command_class.respond_to?(method)
11:         command_class.send(method, *args)
12:       else
13:         raise NotImplementedError.new(
14:           "#{method} is not implemented in #{command_class}"
15:         )
16:       end
17:     end
18:     ...
19:   end
20: end
```

例4-13の6行目では、受け取ったメソッド名をaction、resource_type、subactionの3つに分解しています。:check_package_is_installedの場合、actionがcheck、resource_typeがpackage、subactionがis_installedになります。

例4-13の9行目では、resource_typeとOSの情報を元に、コマンドクラスを組み立てます。例えば、osヘルパーメソッドで返ってくる情報が{:family=>'redhat', :release=>'6', :arch=>'x86_64'}の場合、次のようなコマンドクラスを上から順に試していき、存在するクラスを利用します。

```
Specinfra::Command::Redhat::V6::Package
Specinfra::Command::Redhat::Base::Package
Specinfra::Command::Linux::Base::Package
Specinfra::Command::Base::Package
```

この場合、Specinfra::Command::Redhat::V6::Packageというクラスは存在しないので、Specinfra::Command::Redhat::Base::Packageが使われます。

例4-13 10、11行目では、このクラスにactionとsubactionを繋げたメソッド（例ではcheck_is_installed）が定義されているか確認し、定義されていればこのクラスに対してsend(:check_is_installed, 'nginx')を呼び出します。その結果、Specinfra::Command::Redhat::Base::Packageのcheck_is_installedメソッドで定義されているコマンドである、rpm -q nginxが返ってきます。

もしこのクラスにcheck_is_installedメソッドが定義されていない場合には、親クラスにさかのぼることになりますが、親クラスやさらにその親クラスでも定義されていない場合には、NotImplementedErrorを例外として投げます。

以上の例では、OSのバージョンにあったクラスがピンポイントで存在するかしないかだけを判断しているケースを取り上げました。しかし場合によっては、このバージョン以上はこちらのクラスを使いたい、というケースもあります。例えば、Fedora 15ではSysVinitの代わりにsystemdが利用されているため、Specinfra::Command::Fedora::V15::Serviceというクラスが存在します。ところが、Fedora 16以上でも同様にsystemdを使いたい、となった場合、ピンポイントにクラスを特定する方法だと、新しいバージョンが出るたびにSpecinfra::Command::Fedora::V16::Service、Specinfra::Command::Fedora::V17::Serviceとクラスを作成する必要がありメンテナンスが大変です。そこで、コマンドクラス生成時には、必ずcreateというメソッドを呼ぶようにし、createメソッドの中でOSバージョンを判別して適切なクラスを返す、という仕組みを入れています。具体的には、Specinfra::Command::Fedora::Base::Serviceでは例4-14のようなコードが定義されています。

例4-14 specinfra/command/fedora/base/service.rb

```
class Specinfra::Command::Fedora::Base::Service <
  Specinfra::Command::Redhat::Base::Service
  class << self
    def create
      if os[:release].to_i < 15
        self
      else
        Specinfra::Command::Fedora::V15::Service
      end
    end
  end
end
```

これにより、Fedora 15以上でサービス関連のコマンドを実行する場合は、Specinfra::Command::Fedora::V15::Serviceクラスが利用されるという仕組みとなっています。

4.4 バックエンドクラス

バックエンドクラスは、利用者が実行形式の違いを意識することなく、コマンドを実行できるようにするためのレイヤーで、コマンドクラスと並んで、Specinfraの中核を担う部分です。

バックエンドクラスには次のものが存在します。

```
Specinfra::Backend::Exec
Specinfra::Backend::Ssh
Specinfra::Backend::Cmd
Specinfra::Backend::Winrm
Specinfra::Backend::Lxc
Specinfra::Backend::Docker
Specinfra::Backend::ShellScript
Specinfra::Backend::Dockerfile
```

ExecはUNIX系OSでコマンドをローカル実行するもの、Sshはリモート実行するものです。CmdはWindowsでコマンドをローカル実行するもの、Winrmはリモート実行するものです。Lxcは LXC コンテナに対して、Dockerは Docker コンテナに対してコマンドを実行します。ShellScriptやDockerfileは実際にコマンドを実行しませんが、実行内容をシェルスクリプトやDockerfileの形式で出力します（3章のコラム「ShellScriptバックエンドとDockerfileバックエンド」を参照）。

どのバックエンドクラスを利用するかは、Specinfra.configuration.backendに設定されている値で決まります。:execが設定されている場合にはExecバックエンドが、:sshが設定されている場合にはSshバックエンドが利用されます。Specinfra.configuration.backendに直接値を設定する代わりに、set :backend, :execといったシンタックスシュガーを利用することもできます。

各バックエンドクラスは必ずrun_commandメソッドを実装している必要があります。

4.5 Serverspecのリソースタイプ拡張

例として、次のようなテストコードで、Mac OS Xのユーザデフォルトシステムの指定したドメインに、指定したキーが存在するかテストすることができるように、Serverspecを拡張します。

```
describe osx_defaults('com.apple.dock') do
  it { should have_key('autohide') }
end
```

また次のように、指定したドメインの指定したキーに特定の値がセットされているかもテストできるようにします。

```
describe osx_defaults('com.apple.dock') do
  it { should have_key('autohide').with_value(1) }
end
```

Serverspecの拡張と言っても、ServerspecとSpecinfra両方への拡張が必要となります。

4.5.1 Serverspec 側の拡張

拡張部分に対するテストコードを書く

最初にテストコードを書きます。Serverspec のリソースタイプを拡張する場合、テストコードは spec/type 以下に OS 毎にディレクトリがあり、その下にリソースタイプ毎にファイルがあります。今回の例の場合は、spec/type/darwin/osx_defaults_spec.rb というファイルに次のようなテストコードを書きます。

```
require 'spec_helper'

set :os, :family => 'darwin'

describe osx_defaults('com.apple.dock') do
  it { should have_key('autohide') }
end

describe osx_defaults('com.apple.dock') do
  it { should have_key('autohide').with_value(1) }
end
```

このテストコードでは、実際にはコマンドは実行しませんが、必要なリソースタイプが定義されているか、マッチャやマッチャのチェイニングが定義されているか、Specinfra 側で対応するコマンドクラスが実装されているかといった、テストコード実行のために必要な実装が一通りされているかを確認することができます。

次のコマンドで実際にテストを実行できますが、この時点ではもちろんエラーとなります。

```
$ rspec spec/type/darwin/osx_defaults_spec.rb
```

リソースタイプの追加

osx_defaults というリソースタイプは存在しないため、追加を行います。追加するためには次のコードの 10 行目のように types 配列に osx_defaults を追加します（既存のものはアルファベット順に並べていますが、特に強いこだわりがあるわけではないので、一番後ろへ追加でも大丈夫です）。

例4-15 serverspec/helper/type.rb

```
 1: vmodule Serverspec
 2:   module Helper
 3:     module Type
 4:       types = %w(
 5:         base cgroup command cron default_gateway file group host
 6:         iis_website iis_app_pool interface ipfilter ipnat iptables
 7:         kernel_module linux_kernel_parameter lxc mail_alias package
 8:         php_config port ppa process routing_table selinux service user
 9:         yumrepo windows_feature windows_hot_fix windows_registry_key
10:         windows_scheduled_task zfs osx_defaults
11:       )
12:
13:       types.each {|type| require "serverspec/type/#{type}" }
14:
15:       types.each do |type|
16:         define_method type do |*args|
17:           name = args.first
18:           eval "Serverspec::Type::#{type.to_camel_case}.new(name)"
19:         end
20:       end
21:     end
22:   end
23: end
```

次に、実際にリソースタイプクラスを例4-16のコードのような形で追加します。have_keyマッチャに対応するようにhas_key?というメソッドを定義しています。また、このメソッドが呼ばれたときに、Specinfra::Runner.check_osx_defaults_has_key(key, value)を呼んでコマンドを実行するよう定義しています。Specinfra側のメソッドはこのように、<action>_<resource_type>_<subaction>という形になるように、また、三人称単数現在形になるようなルールとしています。

例4-16 serverspec/type/osx_defaults.rb

```
module Serverspec::Type
  class OsxDefaults < Base
```

```
    def has_key?(key, value=nil)
      @runner.check_osx_defaults_has_key(@name, key, value)
    end
  end
end
```

マッチャのチェイニング設定

チェイニングを行わない場合、have_xxxxx の形式のマッチャは RSpec が処理してくれるので、改めてマッチャを定義する必要はないですが、チェイニングを行う場合は、マッチャを明示的に定義する必要があるので、例 4-17 のコードのように定義します。

例 4-17 serverspec/matcher/have_key.rb

```
RSpec::Matchers.define :have_key do |key|
  match do |type|
    type.has_key?(key, @value)
  end

  chain :with_value do |value|
    @value = value
  end
end
```

また、このファイルを例 4-18 のように require する必要があります。

例 4-18 serverspec/matcher.rb への追加

```
# osx_defaults
require 'serverspec/matcher/have_key'
```

Serverspec 側での拡張は以上です。次に Specinfra 側に必要な拡張を行っていきます。

4.5.2 Specinfra側の拡張

コマンドクラスの追加

Specinfra側ではコマンドクラスに、対応するリソースタイプを追加します。

「4.3.2 コマンドクラスの構成」でも説明したように、特定のOSにしかないリソースであっても、`Specinfra::Command::Base`直下にリソースタイプクラスを追加することになっているため、例4-19のような内容の`specinfra/command/base/osx_defaults.rb`を作成します。

例4-19 specinfra/command/base/osx_defaults.rb

```
class Specinfra::Command::Base::OsxDefaults < Specinfra::Command::Base
end
```

このファイルを読み込むために、例4-20のように`specinfra/command.rb`の適当なところへ一行を追加します。

例4-20 specinfra/command.rbへの追加

```
require 'specinfra/command/base/osx_defaults'
```

次に、例4-21のように実際にコマンドを定義します。

例4-21 specinfra/command/darwin/base/osx_defaults.rb

```
class Specinfra::Command::Darwin::Base::OsxDefaults <
  Specinfra::Command::Base::OsxDefaults
  class << self
    def check_has_key(name, key, value=nil)
      cmd = "defaults read #{escape(name)} #{escape(key)}"
      cmd += " | grep -w #{escape(value)}" if value
      cmd
    end
  end
end
```

このファイルを読み込むために、例4-22のように`specinfra/command.rb`の適当なところへ一行を追加します。

例4-22 specinfra/command.rbへの追加

```
require 'specinfra/command/darwin/base/osx_defaults'
```

4.5.3 テストの実行

最初に失敗したテストを再度実行します。

```
$ export RUBYLIB=path/to/specinfra/lib
$ rspec spec/type/darwin/osx_defaults_spec.rb

Osx defaults "com.apple.dock"
  should have key "autohide"

Osx defaults "com.apple.dock"
  should have key "autohide"

Finished in 0.0113 seconds (files took 0.52049 seconds to load)
2 examples, 0 failures
```

このように、テストが通るようになっているはずです。

このテストコードは実際にコマンドを実行せずにテストを行うので、万全とは言えません。最低限ご自身が利用を想定しているOS上で実際に動かして動作確認してみましょう。

4.6 SpecinfraのOSに関する処理

「4.3.2 コマンドクラスの構成」や、「4.5.2 Specinfra側の拡張」で、基本的なSpecinfraに関する知識は説明しました。まだ説明していない事項として、OSの自動判別の仕組みと、対応OSの追加方法がありますので、それらについて説明します。

4.6.1 SpecinfraのOS自動判別方法

Specinfraが提供する、OS情報取得のためのosヘルパーメソッドと、OS判別の処理は例4-23のように定義されています。

例 4-23　specinfra/helper/os.rb

```
require 'specinfra/helper/detect_os'

module Specinfra::Helper::Os
  def os
    property[:os] = {} if ! property[:os]
    if ! property[:os].include?(:family)
      property[:os] = detect_os
    end
    property[:os]
  end

  private
  def detect_os
    return Specinfra.configuration.os if Specinfra.configuration.os
    Specinfra::Helper::DetectOs.subclasses.each do |c|
      res = c.detect
      if res
        res[:arch] ||= Specinfra.backend.run_command('uname -m').stdout.strip
        return res
      end
    end
  end
end
```

property[:os] は一度取得した OS 情報をキャッシュするために利用しています。

detect_os メソッドが判別のための処理を行っているところで、各 OS に対応した Specinfra::Helper::DetectOs のサブクラスをすべて取得し、各サブクラスの detect メソッドを呼んでいます。アーキテクチャは基本的にどの OS でも uname -m コマンドで取得できるので、サブクラス内ではなく、この中で取得を行っています。

各 OS に対応したサブクラスは detect メソッドをクラスメソッドとして実装する必要があります。例えば、Red Hat 系 OS に対応した Specinfra::Helper::DetectOs::Redhat は例 4-24 のようになっています。

例 4-24　specinfra/helper/detect_os/redhat.rb

```
class Specinfra::Helper::DetectOs::Redhat < Specinfra::Helper::DetectOs
  def self.detect
```

```
    # Fedora also has an /etc/redhat-release so the Fedora check must
    # come before the Red Hat check
    if run_command('ls /etc/fedora-release').success?
      line = run_command('cat /etc/redhat-release').stdout
      if line =~ /release (\d[\d]*)/
        release = $1
      end
      { :family => 'fedora', :release => release }
    elsif run_command('ls /etc/redhat-release').success?
      line = run_command('cat /etc/redhat-release').stdout
      if line =~ /release (\d[\d.]*)/
        release = $1
      end
      { :family => 'redhat', :release => release }
    elsif run_command('ls /etc/system-release').success?
      { :family => 'redhat', :release => nil  } # Amazon Linux
    end
  end
end
```

4.6.2 自動判別するOSの追加

自動判別するOSの種類を追加したい場合には、detectをクラスメソッドとして持つSpecinfra::Helper::DetectOsのサブクラスを作成すればよいです。例えば、CoreOS[†1]を追加する場合には、例4-25の内容のspecinfra/helper/detect_os/coreos.rbを追加します。

例4-25 specinfra/helper/detect_os/coreos.rb

```
class Specinfra::Helper::DetectOs::Coreos < Specinfra::Helper::DetectOs
  def self.detect
    if run_command('grep CoreOS /etc/lsb-release').success?
      release = run_command(
        'grep DISTRIB_RELEASE /etc/lsb-release | cut -d= -f2'
      ).stdout.strip
      { :family => 'coreos', :release => release }
    end
  end
```

†1 https://coreos.com/

```
end
```

specinfra/helper/detect_os.rb内でrequireすることも忘れないようにしてください。

例4-26　specinfra/helper/detect_os.rbへの追加

```
require 'specinfra/helper/detect_os/coreos'
```

これでCoreOSを自動判別できるようになります。

せっかくCoreOSを自動判別できるようにしたので、コマンドクラスも対応しましょう。

例4-27の内容のspecinfra/command/coreos.rbを作成します。これは名前空間を作成するだけで実体はありません。

例4-27　specinfra/command/coreos.rb

```
class Specinfra::Command::Coreos;end
```

例4-28の内容のspecinfra/command/coreos/base.rbを作成して、Specinfra::Command::Linux::Baseを継承したSpecinfra::Command::CoreOS::Baseを定義します。

例4-28　specinfra/command/coreos/base.rb

```
class Specinfra::Command::Coreos::Base < Specinfra::Command::Linux::Base
end
```

CoreOSはsystemdを利用しているので、例4-29のような内容のspecinfra/command/coreos/base/service.rbを作成してサービスのテストができるようにします。

例4-29　specinfra/command/coreos/base/service.rb

```
class Specinfra::Command::Coreos::Base::Service < Specinfra::Command::Base::Service
  class << self
    include Specinfra::Command::Module::Systemd
  end
end
```

最後に、作成したファイルをspecinfra/command.rbでrequireします。

例4-30 specinfra/command.rbへの追加

```
# CoreOS (inherit Linux)
require 'specinfra/command/coreos'
require 'specinfra/command/coreos/base'
require 'specinfra/command/coreos/base/service'
```

これでCoreOS上で動いているサービスに対してServerspecでテストを実行することができるようになります。

4.7 Pryによる内部解析

この節ではPry[†2]を用いてServerspec/Specinfraの内部を覗く方法を紹介します。ソースコードを読むのとは異なり、実際に動かして挙動を確認できるため、より理解を深めることができます。

4.7.1 Pryをインストールする

Pryはgemコマンドでインストールできます。

```
$ gem install pry
```

4.7.2 Serverspecの内部をPryで覗く

pryコマンドを実行して起動し、serverspecをrequireします。

```
$ pry
[1] pry(main)> require 'serverspec'
=> true
```

lsを実行すると、利用できるメソッドやローカル変数が見えます。

```
[30] pry(main)> ls
Serverspec::Helper::Type#methods:
  base          host             lxc          service
  cgroup        iis_app_pool     mail_alias   user
```

†2 http://pryrepl.org/

```
  command           iis_website             package         windows_feature
  cron              interface               php_config      windows_hot_fix
  default_gateway   ip6tables               port            windows_registry_key
  docker_base       ipfilter                ppa             windows_scheduled_task
  docker_container  ipnat                   process         yumrepo
  docker_image      iptables                routing_table   zfs
  file              kernel_module           selinux
  group             linux_kernel_parameter  selinux_module
self.methods:
  context        fcontext   shared_context        to_s
  describe       fdescribe  shared_examples       xcontext
  example_group  inspect    shared_examples_for   xdescribe
locals: _  __  _dir_  _ex_  _file_  _in_  _out_  _pry_
```

cdで指定のオブジェクトに移動することができます。

```
[18] pry(main)> cd service
```

この状態でlsを実行すると、Serverspec::Type::Serviceで利用できるメソッドやインスタンス変数、ローカル変数などが見えます。

```
[19] pry(#<Serverspec::Type::Service>):1> ls
Serverspec::Type::Base#methods: inspect  to_ary  to_s
Serverspec::Type::Service#methods:
  enabled?  has_property?  has_start_mode?  installed?  monitored_by?  running?
self.methods: __pry__
instance variables: @name  @runner
locals: _  __  _dir_  _ex_  _file_  _in_  _out_  _pry_
```

show-sourceで指定のメソッドがどのような実装になっているか、ソースコードを確認できます。

```
[9] pry(#<Serverspec::Type::Service>):1> show-source enabled?

From: /Users/mizzy/src/serverspec/lib/serverspec/type/service.rb @ line 3:
Owner: Serverspec::Type::Service
```

```
Visibility: public
Number of lines: 3

def enabled?(level=3)
  @runner.check_service_is_enabled(@name, level)
end
```

引数なしでcdを実行すると、トップレベルに戻ります。

```
[23] pry(#<Serverspec::Type::Service>):1> cd
[24] pry(main)>
```

4.7.3 Specinfraの内部をPryで覗く

同様にSpecinfraの内部もPryで覗いてみます。pryコマンドを実行してspecinfraをrequireします。

```
$ pry
[1] pry(main)> require 'specinfra'
=> true
```

lsを実行すると、利用できるメソッドやローカル変数が見えます。

```
[2] pry(main)> ls
self.methods: inspect  to_s
locals: _  __  _dir_  _ex_  _file_  _in_  _out_  _pry_
```

Specinfra::Command::Base直下のクラスをリストアップしてみます。

```
[6] pry(main)> puts Specinfra::Command::Base.subclasses.select {
[6] pry(main)*   |c| c.to_s =~ /^Specinfra::Command::Base/
[6] pry(main)* }

Specinfra::Command::Base::Ppa
Specinfra::Command::Base::Port
Specinfra::Command::Base::Package
```

```
Specinfra::Command::Base::MailAlias
Specinfra::Command::Base::LxcContainer
Specinfra::Command::Base::KernelModule
Specinfra::Command::Base::Ip6tables
Specinfra::Command::Base::Iptables
Specinfra::Command::Base::Ipnat
Specinfra::Command::Base::Ipfilter
Specinfra::Command::Base::Interface
Specinfra::Command::Base::Host
Specinfra::Command::Base::Group
Specinfra::Command::Base::File
Specinfra::Command::Base::Cron
Specinfra::Command::Base::Zfs
Specinfra::Command::Base::Yumrepo
Specinfra::Command::Base::User
Specinfra::Command::Base::Service
Specinfra::Command::Base::Selinux
Specinfra::Command::Base::RoutingTable
Specinfra::Command::Base::Process
=> nil
```

Specinfra::Command::Base::Fileに実装されているメソッドを確認します。

```
[9] pry(main)> cd Specinfra::Command::Base::File
[10] pry(Specinfra::Command::Base::File):1> ls
Specinfra::Command::Base.methods: create  escape
Specinfra::Command::Base::File.methods:
  change_group                      check_is_grouped     get_mode
  change_mode                       check_is_link        get_mtime
  change_owner                      check_is_linked_to   get_owner_group
  check_contains                    check_is_mounted     get_owner_user
  check_contains_lines              check_is_owned_by    get_sha256sum
  check_contains_with_fixed_strings check_is_socket      get_size
  check_contains_with_regexp        copy                 link_to
  check_contains_within             create_as_directory  move
  check_has_mode                    get_content          remove
  check_is_directory                get_link_target
  check_is_file                     get_md5sum
locals: _  __  _dir_  _ex_  _file_  _in_  _out_  _pry_
```

指定のメソッドの実装をソースコードで確認します。

```
[11] pry(Specinfra::Command::Base::File):1> show-source get_mtime

From: /Users/mizzy/src/specinfra/lib/specinfra/command/base/file.rb @ line 104:
Owner: #<Class:Specinfra::Command::Base::File>
Visibility: public
Number of lines: 3

def get_mtime(file)
  "stat -c %Y #{escape(file)}"
end
```

Red Hat用に定義されているクラスをリストアップします。

```
[12] pry(Specinfra::Command::Base::File):1> cd
[13] pry(main)> puts Specinfra::Command::Base.subclasses.select {
[13] pry(main)*   |c| c.to_s =~ /^Specinfra::Command::Redhat/
[13] pry(main)* }
Specinfra::Command::Redhat::V7::Service
Specinfra::Command::Redhat::V7
Specinfra::Command::Redhat::V5::Iptables
Specinfra::Command::Redhat::V5
Specinfra::Command::Redhat::Base::Yumrepo
Specinfra::Command::Redhat::Base::Service
Specinfra::Command::Redhat::Base::Package
Specinfra::Command::Redhat::Base::Iptables
Specinfra::Command::Redhat::Base::File
Specinfra::Command::Redhat::Base
=> nil
```

サービス関連のコマンドがどのように実装されているのかを確認します。

```
[14] pry(main)> cd Specinfra::Command::Redhat::Base::Service
[15] pry(Specinfra::Command::Redhat::Base::Service):1> ls
Specinfra::Command::Base.methods: create  escape
Specinfra::Command::Base::Service.methods:
```

```
  check_is_monitored_by_god    check_is_running_under_supervisor
  check_is_monitored_by_monit  check_is_running_under_upstart
  check_is_running
Specinfra::Command::Redhat::Base::Service.methods:
  check_is_enabled  disable  enable  reload  restart  start  stop
locals: _  __  _dir_  _ex_  _file_  _in_  _out_  _pry_
[16] pry(Specinfra::Command::Redhat::Base::Service):1> show-source check_is_running

From: /Users/mizzy/src/specinfra/lib/specinfra/command/base/service.rb @ line 3:
Owner: #<Class:Specinfra::Command::Base::Service>
Visibility: public
Number of lines: 3

def check_is_running(service)
  "service #{escape(service)} status"
end
```

4.7.4 PryからSpecinfraを実行してみる

Vagrant VMに対してSpecinfraで操作を行ってみます。

pryコマンドを実行してspecinfraをrequireします。

```
$ pry
[1] pry(main)> require 'specinfra'
=> true
[2] pry(main)> require 'specinfra/helper/set'
=> true
[3] pry(main)> include Specinfra::Helper::Set
=> Object
```

バックエンドタイプを:sshに設定します。

```
[4] pry(main)> set :backend, :ssh
=> :ssh
```

SSHの接続情報を設定するため、Vagrant VMに接続するための情報を取得します。.（ドット）を頭につけると、シェルコマンドを実行することができます。

```
[5] pry(main)> .vagrant ssh-config ubuntu1404
Host ubuntu1404
  HostName 127.0.0.1
  User vagrant
  Port 2202
  UserKnownHostsFile /dev/null
  StrictHostKeyChecking no
  PasswordAuthentication no
  IdentityFile /Users/mizzy/.vagrant.d/insecure_private_key
  IdentitiesOnly yes
  LogLevel FATAL
```

この情報にしたがって、SSH接続情報を設定します。

```
[6] pry(main)> set :host, '127.0.0.1'
=> "127.0.0.1"
[7] pry(main)> set :ssh_options, :user => 'vagrant', :port => 2202,
[7] pry(main)* :keys => ['/Users/mizzy/.vagrant.d/insecure_private_key']
=> {:user=>"vagrant",
 :port=>2202,
 :keys=>["/Users/mizzy/.vagrant.d/insecure_private_key"]}
```

これで接続できるはずなので、osメソッドを実行して、正しくOSの情報が取得できるかを確認します。

```
[8] pry(main)> os
=> {:family=>"ubuntu", :release=>"14.04", :arch=>"x86_64"}
```

nginxパッケージがインストールされているかどうかを確認します。falseが返っているので、インストールされていないことがわかります。

```
[9] pry(main)> Specinfra::Runner.check_package_is_installed('nginx')
=> false
```

nginxパッケージをインストールします。

```
[10] pry(main)> Specinfra::Runner.install_package('nginx')
=> #<Specinfra::CommandResult:0x007fd5fc0a7538
 @exit_signal=nil,
 @exit_status=0,
 @stderr="",
 @stdout=
  "Reading package lists...\nBuilding dependency tree...
```

再度 nginx パッケージがインストールされているかどうかを確認します。true が返っているので、インストールされていることがわかります。

```
[11] pry(main)> Specinfra::Runner.check_package_is_installed('nginx')
=> true
```

4.8 Serverspec 自身のテスト

Serverspec 自身にももちろん、テストコードがあります。Serverspec のテストは、ユニットテストとインテグレーションテストの２種類があります。それぞれについて説明します。

4.8.1 ユニットテスト

ユニットテストの概要

ユニットテストは次のようなファイル / ディレクトリで構成されています。

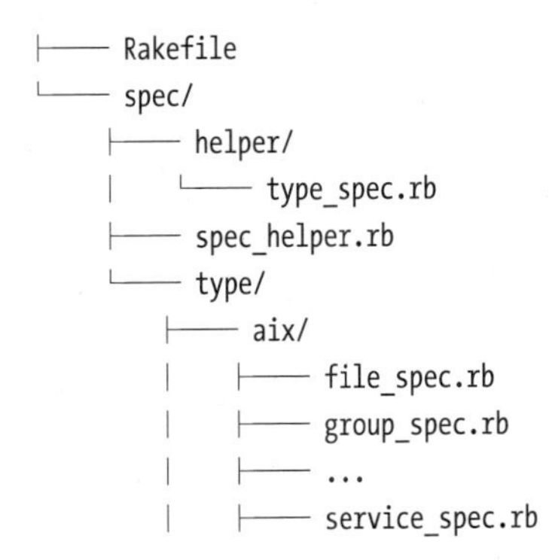

```
├── Rakefile
└── spec/
    ├── helper/
    │   └── type_spec.rb
    ├── spec_helper.rb
    └── type/
        ├── aix/
        │   ├── file_spec.rb
        │   ├── group_spec.rb
        │   ├── ...
        │   ├── service_spec.rb
```

```
│   └── user_spec.rb
├── .../
└── windows/
    ├── command_spec.rb
    ├── feature_spec.rb
    ├── ...
    ├── service_spec.rb
    └── user_spec.rb
```

Rakefileでは例4-31のように、テストの種類やOSの種類毎にRakeタスクを分割するようにしています。特に、OSの情報はキャッシュされているため、1つのRakeタスクで全OSのテストを行うと、キャッシュが思わぬ悪影響を引き起こすため、それを避けるために別のタスクに分割しています。

例4-31 Rakefile

```
require "bundler/gem_tasks"
begin
  require "rspec/core/rake_task"
  require "octorelease"
rescue LoadError
end

if defined?(RSpec)
  task :spec => 'spec:all'

  namespace :spec do
    task :all => [ 'spec:type:all', 'spec:helper' ]

    namespace :type do
      oses = Dir.glob('spec/type/*').map {|d| File.basename(d)}

      task :all => oses.map {|os| "spec:type:#{os}" }

      oses.each do |os|
        RSpec::Core::RakeTask.new(os.to_sym) do |t|
          t.pattern = "spec/type/#{os}/*_spec.rb"
        end
      end
```

```
    end

    RSpec::Core::RakeTask.new(:helper) do |t|
      t.pattern = "spec/helper/*_spec.rb"
    end
  end
end
```

Serverspecはコマンドを実行してサーバの状態をテストしますが、ユニットテストでは実際にはコマンドの実行は行いません。例4-32のように、`spec_helper.rb`内で、Execバックエンドと Cmdバックエンドの`run_command`メソッドをオーバーライドして、何も実行せずに`Specinfra::CommandResult`オブジェクトを返すようにすることで、実際にはコマンドを実行することなくテストできるようにしています。

例4-32　spec/spec_helper.rb

```
require 'serverspec'

set :backend, :exec

module Specinfra
  module Backend
    class Exec < Base
      def run_command cmd
        CommandResult.new({
          :stdout      => ::Specinfra.configuration.stdout,
          :stderr      => ::Specinfra.configuration.stderr,
          :exit_status => 0,
          :exit_signal => nil,
        })
      end
    end
    class Cmd < Base
      def run_command cmd
        CommandResult.new({
          :stdout      => ::Specinfra.configuration.stdout,
          :stderr      => ::Specinfra.configuration.stderr,
          :exit_status => 0,
          :exit_signal => nil,
```

```
        })
      end
    end
  end
end
```

実際にはコマンドを実行しないため、テスト内容としては完全ではありませんが、実際にコマンドを実行してテストをするとなると、テストを実行するために様々なOSの環境を用意したり、各OS環境にパッケージをインストールしたりサービスを起動したりと、テストのための準備が非常に大変です。ですので、ユニットテストではコマンドは実行して結果が返ってきたものとして、それ以外の部分のテストを行う、という形にしています。

テストは次のようにrake specコマンドを実行することで行うことができます。

```
$ rake spec               # 全テストを実行
$ rake spec:helper        # ヘルパーのテストのみ実行
$ rake spec:type:redhat # Red Hat用リソースタイプのテストのみ実行
```

また、rspecコマンドで特定のディレクトリやファイルに絞ってテストすることもできます。

```
$ rspec spec/type/redhat
$ rspec spec/type/redhat/file_spec.rb
```

さらにRSpecでは、特定のファイルの特定の行のみテストするといったことができますが、ここでは割愛します。

ヘルパーのテスト

ユニットテストにはヘルパーのテストとリソースタイプのテストという、2種類のテストがあります。ヘルパーのテストは現在、例4-33の内容のspec/helper/type_spec.rb1つしかありません。

例 4-33 spec/helper/type_spec.rb

```
require 'spec_helper'

describe String do
  subject { String.new }
  it { should_not respond_to :host }
end
```

このテストは例 4-34 の内容の serverspec/helper.rb のコードをテストするためのものです。

例 4-34 serverspec/helper.rb

```
require 'serverspec/helper/type'
extend Serverspec::Helper::Type
class RSpec::Core::ExampleGroup
  extend Serverspec::Helper::Type
  include Serverspec::Helper::Type
end
```

このコードの目的は、Serverspec::Helper::Type を include や extend して利用できるようになるリソースタイプオブジェクト生成用メソッド（file、host など）を、グローバルなスコープと、RSpec::Core::ExampleGroup 内だけで呼び出せるようにして、それ以外のクラス内では呼び出せないようにするというものです。これにより、同じ名前のメソッドを持つ他のクラスとメソッド名が衝突するのを防いでいます（実際に faraday という gem と host メソッドが被るという事例があったため、KitaitiMakoto 氏[†3] の手により現在のコードとなりました）。

spec/helper/type_spec.rb 内のテストコードでは、String クラスのオブジェクトに対して host メソッドが呼び出せないことを確認しています。

Serverspec を拡張していて、ヘルパーのテストを書くということはあまりないとは思いますが、一応ここで解説を行ってみました。

リソースタイプとマッチャのテスト

リソースタイプとマッチャのテストについては、既に「4.5 Serverspec のリソー

†3 https://github.com/kitaitimakoto

スタイプ拡張」でも触れましたが、これはServerspecのリソースタイプとマッチャが想定通り正しく動作することをテストするためのもので、Serverspec自身のテストの中では特に重要なものです。リソースタイプとマッチャのテストは、spec/typeディレクトリ以下に各OS毎にわかれています。また、全OS共通のテストはbaseディレクトリに、OSの特定のリリースに関するテストは、redhat7やfreebsd10といった、リリース番号がついたディレクトリにあります。

リソースタイプとマッチャのテストコードは次のように、spec_helperのrequire、set :osによるOS情報の設定、実際にテストしたいリソースタイプとマッチャ、という構成になっています。

```
require 'spec_helper'

set :os, :family => 'redhat'

describe user('root') do
  it { should exist }
end
```

OSのバージョンまで指定する場合は、次のようなコードになります。

```
require 'spec_helper'

set :os, :family => 'redhat', :release => '7'

describe user('root') do
  it { should exist }
end
```

リソースタイプとマッチャのテストファイルは、Specinfraのコマンドクラスと1対1で対応するようにしています。例えば、spec/type/base/user_spec.rbではuserリソースタイプとそのマッチャに関するテストを行っていますが、Specinfra::Command::Base::Userクラスに対応したテストを行っています。

spec/type/redhat/user_spec.rbというテストファイルは存在しませんが、これはSpecinfra::Command::Redhat::Userクラスが存在しないからです。Red Hat系OSの場合、user リソースタイプのテストはすべて Specinfra::Command::Base::User で定義されたコマンドを実行します。したがって、Red Hat 系 OS での user リソースタイプとマッチャに関するテストは、spec/type/base/user_spec.rb でカバーされているので、spec/type/redhat/user_spec.rb を作成して、Red Hat 用に user リソースタイプとマッチャのテストをする必要はありません。

逆に、OS 固有のコマンドが定義されている場合には、base で定義されていても、同じテストコードをその OS 用に作成することが望ましいです。例えば、OpenBSD の場合には、次のように、Specinfra::Command::Openbsd::Base::User クラスが存在し、check_has_login_shell メソッドと check_has_home_directory メソッドが定義されています。

例 4-35　specinfra/command/openbsd/base/user.rb

```
class Specinfra::Command::Openbsd::Base::User < Specinfra::Command::Base::User
  class << self
    def check_has_login_shell(user, path_to_shell)
      "getent passwd #{escape(user)} | cut -f 7 -d ':' \
       | grep #{escape(path_to_shell)}"
    end

    def check_has_home_directory(user, path_to_home)
      "getent passwd #{escape(user)} | cut -f 6 -d ':' \
       | grep #{escape(path_to_home)}"
    end
  end
end
```

check_has_login_shell メソッドと check_has_home_directory メソッドは、have_login_shell マッチャと have_home_directory マッチャで利用されていますので、これらのマッチャのテストを例 4-36 のような内容で spec/type/openbsd/user_spec.rb に記述します。

例 4-36　spec/type/openbsd/user_spec.rb

```
require 'spec_helper'

set :os, :family => 'openbsd'
```

```
describe user('root') do
  it { should have_login_shell '/bin/bash' }
end

describe user('root') do
  it { should have_home_directory '/root' }
end
```

ほとんどのテストは、コマンドを実行した結果のexit statusが0になっていることを確認するものであり、spec_helper.rbでオーバーライドされたrun_commandメソッドがexit_statusを0にセットしたSpecinfra::CommandResultオブジェクトを返すため、何も考えずにテストを書くことができますが、一部の標準出力や標準エラー出力の内容を元にテストするようなマッチャはこのままではテストできません。幸い、spec_helper.rbでオーバーライドしたrun_commandメソッドでは、Specinfra.configuration.stdoutとSpecinfra.configuration.stderrに値をセットすることで、Specinfra::CommandResultオブジェクトのstdoutとstderrを上書きすることができます。標準出力を上書きしたテストコードは次のようになります。

```
describe file('/dev') do
  let(:stdout) { "755\r\n" }
  it { should be_readable }
end

describe file('/dev') do
  let(:stdout) { "333\r\n" }
  it { should_not be_readable }
end
```

標準エラー出力を上書きしたテストコードは次のようになります。

```
describe command('cat /etc/resolv.conf') do
  let(:stderr) { "No such file or directory\r\n" }
  its(:stderr) { should match /No such file or directory/ }
end
```

4.8.2 インテグレーションテスト

インテグレーションテストの概要

ユニットテストは実際にコマンドを実行しないため、テストとしては不完全なため、実際にコマンドを実行してテストを行うインテグレーションテストも行っています。

Serverspec と Specinfra、双方のリポジトリで同じテストを行うために、インテグレーションテストは別リポジトリとして切り出しており[†4]、Serverspec と Specinfra のリポジトリでは、submodule として参照しています。

インテグレーションテストでは、Vagrant を用いて、手元で VM を動かしてテストを実行したり、Wercker[†5] と組み合わせて、GitHub リポジトリに対して変更が行われると、DigitalOcean[†6] 上に Droplet（DigitalOcean における仮想サーバの呼び名）を作成してテストを実行するようにしています。

現在は筆者がよく利用する、CentOS 6、CentOS 7、Ubuntu 14.04 でのみテストを行っています。他の OS でのテストも必要でしたら、ぜひプルリクエストを送ってください。

インテグレーションテストのファイル / ディレクトリ構成

インテグレーションテスト用のファイル / ディレクトリ構成は次のようになっています。

```
├── Gemfile
├── Gemfile.lock
├── Rakefile
├── Vagrantfile
├── recipe.rb
├── recipes/
│   ├── cron.rb
│   ├── file.rb
│   ├── hosts.rb
```

†4　https://github.com/serverspec/serverspec-integration-test
†5　http://wercker.com/
†6　http://digitalocean.com/

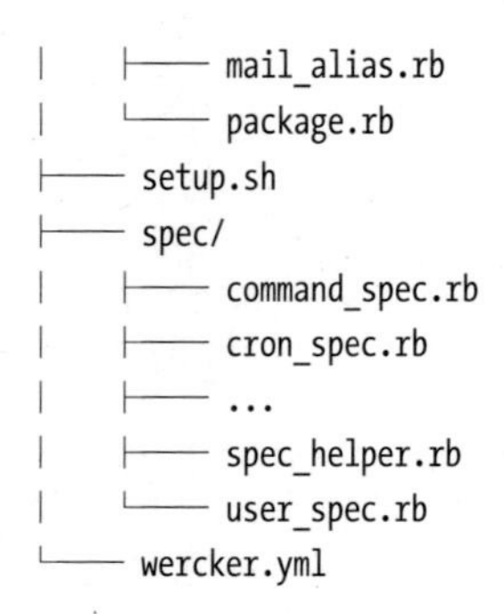

```
|    ├── mail_alias.rb
|    └── package.rb
├── setup.sh
├── spec/
|    ├── command_spec.rb
|    ├── cron_spec.rb
|    ├── ...
|    ├── spec_helper.rb
|    └── user_spec.rb
└── wercker.yml
```

テスト用サーバのセットアップをItamae[†7]で行っています。recipe.rbやrecipesディレクトリ以下のファイルは、Itamae用のレシピファイルです（Itamaeは「付録C　SpecinfraのServerspec以外の利用例」でも取り上げています）。

GemfileはItamae関連gemのインストールと実行用です。serverspec gemやspecinfra gemはGemfileで管理を行っていません。理由は、Serverspecリポジトリを対象にインテグレーションテストを行う場合は、serverspec gemはリポジトリにあるものからビルドしたものをインストールしたり、Specinfraリポジトリを対象にインテグレーションテストをする場合には、specinfra gemはリポジトリにあるものからビルドしたものをインストールしたりと、対象リポジトリによってインストールするgemが変わってくるため、Gemfileは使わない構成としています。

Rakefileでは例4-37のように、テスト対象OS毎にRakeタスクを定義しています。

例4-37　RakefileでのRakeタスク定義

```
require 'rake'
require 'rspec/core/rake_task'

task :spec => "spec:all"

namespace :spec do
  hosts = %w( centos65 centos70 ubuntu1404 )

  task :all => hosts
```

†7　https://github.com/ryotarai/itamae

```
  hosts.each do |host|
    RSpec::Core::RakeTask.new(host.to_sym) do |t|
      puts "Running tests to #{host} ..."
      ENV["TARGET_HOST"] = host
      t.pattern = "spec/*_spec.rb"
    end
  end
end
```

Vagrantfile ではテスト対象 VM の定義を行っており、ローカル VM でのテストと、DigitalOcean 上の Droplet に対するテスト、双方に対応しています。

例 4-38　Vagrantfile

```
VAGRANTFILE_API_VERSION = '2'

Vagrant.configure(VAGRANTFILE_API_VERSION) do |config|
  config.vm.provider :digital_ocean do |provider, override|
    override.ssh.private_key_path = '~/.ssh/id_rsa'
    override.vm.box               = 'AndrewDryga/digital-ocean'
    provider.token                = ENV['DIGITALOCEAN_ACCESS_TOKEN']
    provider.region               = 'sgp1'
    provider.size                 = '512MB'
    provider.ca_path              =
      '/usr/local/opt/curl-ca-bundle/share/ca-bundle.crt'

    if ENV['WERCKER'] == 'true'
      provider.ssh_key_name = "wercker-#{ENV['WERCKER_GIT_REPOSITORY']}"
    else
      provider.ssh_key_name = 'local'
    end
  end

  config.vm.define :centos65 do |c|
    c.vm.box = 'chef/centos-6.5'
    c.vm.provider :digital_ocean do |provider, override|
      provider.image = 'CentOS 6.5 x64'
    end
    c.vm.hostname  = 'centos65'
```

```
    c.vm.hostname += "-#{ENV['WERCKER_BUILD_ID']}" if ENV['WERCKER_BUILD_ID']
  end

  config.vm.define :centos70 do |c|
    c.vm.box = "chef/centos-7.0"
    c.vm.provider :digital_ocean do |provider, override|
      provider.image = 'CentOS 7.0 x64'
    end
    c.vm.hostname  = 'centos70'
    c.vm.hostname += "-#{ENV['WERCKER_BUILD_ID']}" if ENV['WERCKER_BUILD_ID']
  end

  config.vm.define :ubuntu1404 do |c|
    c.vm.box = 'chef/ubuntu-14.04'
    c.vm.provider :digital_ocean do |provider, override|
      provider.image = 'Ubuntu 14.04 x64'
    end
    c.vm.hostname  = 'ubuntu1404'
    c.vm.hostname += "-#{ENV['WERCKER_BUILD_ID']}" if ENV['WERCKER_BUILD_ID']
  end
end
```

specディレクトリ以下にはインテグレーションテストのためのテストコードが置かれています。

setup.shはWercker上でテスト環境をセットアップするために利用しています。wercker.ymlはWerckerでテストを行うために必要なファイルです。どちらも詳細は省きます。

インテグレーションテストの実行方法（ローカル）

手元のマシン上でVMを起動してインテグレーションテストを行う場合には、次のようにコマンドを実行します。これはCentOS 7.0での例です。

```
$ vagrant up centos70
$ bundle exec itamae ssh --host=centos70 --vagrant recipe.rb
$ vagrant reload centos70
$ rake spec:centos70
```

インテグレーションテストの実行方法（DigitalOcean）

DigitalOcean上でDropletを起動してインテグレーションテストを行う場合には、次のようにコマンドを実行します。これはCentOS 7.0での例です。

実行にはDigitalOceanのアクセストークンが必要となりますが、取得方法などについてはここでは説明を行いません。

```
$ export DIGITAL_OCEAN_ACCESS_TOKEN=XXXXXXXXXXXXXX
$ vagrant up centos70 --provider=digital_ocean
$ bundle exec itamae ssh --host=centos70 --vagrant recipe.rb
$ vagrant reload centos70
$ DIGITALOCEAN=1 rake spec:centos70
```

インテグレーションテストへのコントリビュート

現在のインテグレーションテストは、Serverspecが対応しているOSすべてをカバーしているわけではありませんし、すべてのリソースタイプとマッチャをカバーしているわけではありません。筆者がよく使うOSやリソースタイプ、マッチャに限定されています。

すべてをカバーできるのが理想ですが、筆者が使わないOS、リソースタイプ、マッチャに対応しても、コストにみあったメリットが筆者にあるわけではないので、対応するつもりはありません。ですが、インテグレーションテスト用リポジトリはGitHubでオープンにしていますので、テスト対象のOS、リソースタイプ、マッチャを増やしたい、という方は、ぜひプルリクエストを送ってください。

4.9 コントリビュートの際の心構え

章の最後に、せっかくServerspecの拡張方法について解説したので、拡張した機能をGitHubでプルリクエストとして送る際に、念頭に置いてほしいことについて述べます。

4.9.1 自分が利用しているOSに対応すればよい

「4.5 Serverspecのリソースタイプ拡張」で解説した拡張例は、Mac OS Xでしか動作しないものですが、仮に他のOSに対応できそうな拡張であっても、自身で利用していないOSに無理に対応する必要はありません。また、動作確認する必要もありません。筆者も基本的には自分がよく使うOS以外については、対応や動作確認はしないというスタンスでやっています。そのOSを使う人が自分で対応したり動作確認をすればよいという考えです。「1.5.5　他人のために開発しない」でも述べたように、筆者は自分で使うためにServerspecを開発しているのであり、他人のために開発しているのではありません。同様に他の方もServerspecを拡張する場合は、自分のために拡張を行ってください。他人のためとか考える必要はありません。

4.9.2 プルリクエストの作法

具体的なプルリクエストの送り方についての説明はしませんが、望ましい作法について簡単に説明します。

まず、無理に英語でタイトルや説明を書く必要はありません。海外の方も多く利用しているので、英語が望ましいことは確かですが、面倒なら日本語でも大丈夫です。

タイトルにはどのような変更を行ったのかわかりやすく、詳細では、具体的にどのような意図でどのようなことができるようになったのかを書いてもらえるとありがたいです。要するにコードを読まなくても、どのような目的のプルリクエストなのかが把握しやすいようにしてもらえると助かります。

また、1つのプルリクエストには、1つのトピックのみを入れるようにしてください。複数のトピックが混じっていると、あるトピックについては問題ないのでマージしたいけど、別のトピックには問題があるのでマージしたくない、といった場合の対応が面倒ですので。

とはいえ、筆者はそれほど作法にはうるさくありませんので、お気軽にプルリクエストを送ってください。

4.10 本章のまとめ

- Serverspecの実体はServerspecとSpecinfraに分かれており、SpecinfraはOSの違いや実行形式の違いを吸収してくれるコマンド実行レイヤー、ServerspecはSpecinfraをRSpecのDSLで呼び出すためのラッパーといった位置づけとなっています。
- Serverspecによるテストの処理は、リソースオブジェクトを生成し、そのオブジェクトのメソッドを呼び出し、得られた値をマッチャにより比較するといった流れで行われます。

- Serverspec から Specinfra の呼び出しは `Specinfra::Runner` を介して行われます。
- Specinfra の核となるのは、コマンドクラスとバックエンドクラスです。
- コマンドクラスは、実行したい内容に応じて、実行対象ホストの OS の種類やバージョンを判別し、適切なコマンドを返すためのクラスです。
- バックエンドクラスは、ローカル実行や SSH 経由での実行など、利用者が実行形式の違いを意識することなく、コマンドを実行できるようにするためのクラスです。
- Serverspec の本体を拡張する方法について、具体例を用いて解説しました。
- OS 自動判別の仕組みは、各 OS 毎に `Specinfra::Helper::DetectOs` を継承したクラスを作成し、それぞれが判別用の `detect` メソッドを実装するという形になっています。
- Pry を利用することで、Serverspec/Specinfra の内部の動作を覗くことができます。
- Serverspec 自身にもユニットテストとインテグレーションテストがあり、Wercker と DigitalOcean を組み合わせて、CI を行っています。
- 拡張した機能をコントリビュートする際は、自身が利用している OS でのみ動作確認してもらえれば十分です。
- GitHub でプルリクエストを送る際は、日本語でも大丈夫です。タイトルと説明はわかりやすく、1つのプルリクエストには1つのトピックのみを心がけてもらえると助かります。

5章 他ツールとの連携

この章では、組み合わせることでよりServerspecを便利に活用できるツールを紹介します。概要程度で、それほど深く解説しませんので、興味を持ったツールがあれば、ご自身でさらに詳しく調べてください。

5.1 Vagrant

ServerspecはVagrantとの連携を意識してつくられており、serverspec-initでVagrant用の設定を出力することができます。

```
$ serverspec-init
Select OS type:

  1) UN*X
  2) Windows

Select number: 1

Select a backend type:

  1) SSH
  2) Exec (local)

Select number: 1

Vagrant instance y/n: y
Auto-configure Vagrant from Vagrantfile? y/n: y
0) centos
```

```
1) fedora
2) ubuntu
3) coreos
Choose a VM from the Vagrantfile: 0
 + spec/
 + spec/centos/
 + spec/centos/sample_spec.rb
 + spec/spec_helper.rb
 + Rakefile
 + .rspec
```

これによって出力されるspec/spec_helper.rbの内容は例5-1のようになります。vagrant upでVagrant VMを起動しています。また、vagrant ssh-configで取得したVagrant VMへのSSH接続に必要な情報を、set :ssh_optionsでSpecinfra.configuration.ssh_optionsに渡しています。

例5-1 spec/spec_helper.rb

```
require 'serverspec'
require 'net/ssh'
require 'tempfile'

set :backend, :ssh

if ENV['ASK_SUDO_PASSWORD']
  begin
    require 'highline/import'
  rescue LoadError
    fail "highline is not available. Try installing it."
  end
  set :sudo_password, ask("Enter sudo password: ") { |q| q.echo = false }
else
  set :sudo_password, ENV['SUDO_PASSWORD']
end

host = ENV['TARGET_HOST']

`vagrant up #{host}`
```

```
config = Tempfile.new('', Dir.tmpdir)
`vagrant ssh-config #{host} > #{config.path}`

options = Net::SSH::Config.for(host, [config.path])

options[:user] ||= Etc.getlogin

set :host,        options[:host_name] || host
set :ssh_options, options

# Disable sudo
# set :disable_sudo, true

# Set environment variables
# set :env, :LANG => 'C', :LC_MESSAGES => 'C'

# Set PATH
# set :path, '/sbin:/usr/local/sbin:$PATH'
```

これにより、特にVagrant VMであることを意識せずに、次のようにテストを実行できます。

```
$ rake spec
```

また、「4.8.2 インテグレーションテスト」での例のように、Vagrantfileをローカル VMでもDigitalOceanでも、あるいはEC2などでも使えるようにしている場合、vagrant up実行時に--providerオプションでマシンの起動場所を切り替えるだけで、どこにマシンがあるのか気にせずに、すべてrake specでテストが実行できるのも非常に便利です。

Vagrant連携のもう1つのやり方として、vagrant-serverspec[†1]というVagrantプラグインがあります。プラグインのインストールは次のコマンドで行います。

```
$ vagrant plugin install vagrant-serverspec
```

†1 https://github.com/jvoorhis/vagrant-serverspec

注意点として、vagrant-serverspecはテストが失敗してもexit statusが0になるため、テストが成功したか失敗したかが、exit statusで判断できないという問題があります。また、依存するServerspecのバージョンがgemspecで古いバージョンに固定されていたため、それを修正するためのプルリクエストを送ってみたことがあるのですが、リリースされるまでに1ヶ月以上かかったという経緯があります。Serverspecのポリシーの1つは「はやめのリリース、しょっちゅうリリース」ですが、プラグインのリリースサイクルがあわないのは致命的で、トラブルの元です。

また、Serverspecは元々Vagrantと連携するように意識されていて、特にvagrant-serverspecを入れなくてもテストはできるので、あまりお勧めはしません。

5.2 Guard::RSpec

Guard::RSpec[†2]を利用すると、テストコードが書かれたファイルを書き換えたら、自動的にそのファイルに書かれたテストコードを実行することができ、テストコード書きが捗ります。

Guard::RSpecは次のようにインストールします。

```
$ gem install guard-rspec
```

またはGemfileに次のように記述して`bundle install`でインストールする方法もあります。

```
group :development, :test do
  gem 'guard-rspec', require: false
end
```

`guard init rspec`コマンドで雛形となる`Guardfile`を生成してくれますが、筆者は次のような`Guardfile`を使用しています。特に筆者はEmacsユーザであり、テストコード編集中は基本的にEmacsを全画面表示しているので、テスト結果によってミニバッファの色が変わるEmacs通知は非常に便利です。

```
notification :growl
```

†2 https://github.com/guard/guard-rspec

```
notification :emacs

guard :rspec do
  watch(%r{^spec/.+/.+_spec\.rb$})
  watch('spec/spec_helper.rb')  { 'spec' }
end
```

Guardfile作成後、guardコマンドを実行して起動すれば、あとはファイルの変更を検知して自動的にテストを実行してくれます。ただし、Guard::RSpecを利用してテストを実行する場合、Rakeタスクとして実行されるわけではないため、テスト対象ホストが環境変数TARGET_HOSTに設定されておらず、テストがうまく動きません。

筆者の場合は、Serverspecでテストコードを書いているときは、1つのホストに対するテストを集中的に書いていることがほとんどなので、次のようにテスト対象ホストを環境変数で指定してguardコマンドを実行しています。

```
$ TARGET_HOST=host001 guard
```

複数のホストに対してテストを実行したいという場合は、どのファイルが変更されたらどのホストに対してテストを実行するのかといった処理を考えなければいけないですし、それを具体的にどう処理するかはテストファイルの構成などに依存するので、各自必要な人が自分で工夫して行ってください。

5.3 エディタ

Serverspecのテストコードを書くのに便利な各種エディタ用プラグインを紹介します。

5.3.1 Vim

Vimユーザ向けには、筆者の元同僚であるglidenote氏[†3]により開発されている、serverspec-snippets[†4]があります。テストコード記述の際に入力補助をしてくれるため、非常に効率良くテストコードを書くことができます（図5-1参照）。

†3 https://github.com/glidenote
†4 https://github.com/glidenote/serverspec-snippets

利用時の動画が公開されていて[†5]、そちらを見るのが理解が早いので、ぜひ見てみてください。

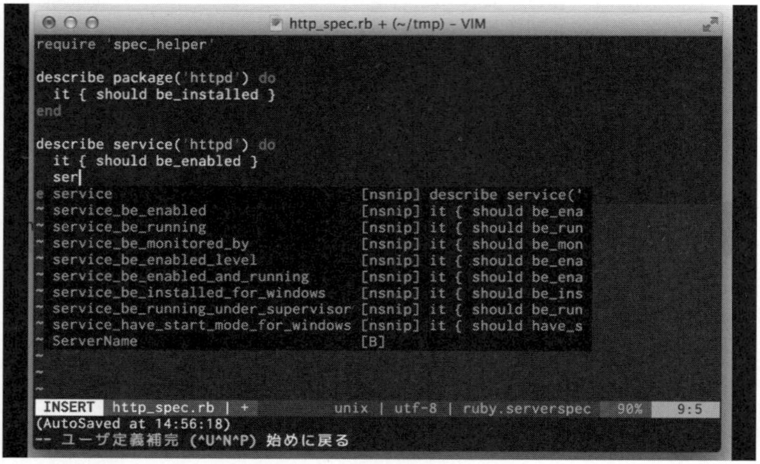

```
http_spec.rb + (~/tmp) - VIM
require 'spec_helper'

describe package('httpd') do
  it { should be_installed }
end

describe service('httpd') do
  it { should be_enabled }
  ser
e service                             [nsnip] describe service('
~ service_be_enabled                  [nsnip] it { should be_ena
~ service_be_running                  [nsnip] it { should be_run
~ service_be_monitored_by             [nsnip] it { should be_mon
~ service_be_enabled_level            [nsnip] it { should be_ena
~ service_be_enabled_and_running      [nsnip] it { should be_ena
~ service_be_installed_for_windows    [nsnip] it { should be_ins
~ service_be_running_under_supervisor [nsnip] it { should be_run
~ service_have_start_mode_for_windows [nsnip] it { should have_s
~ ServerName                          [B]
~
~
~
INSERT http_spec.rb | +        unix | utf-8 | ruby.serverspec  90%   9:5
(AutoSaved at 14:56:18)
-- ユーザ定義補完 (^U^N^P) 始めに戻る
```

図 5-1 Vim 用 serverspec-snippets

また、vim-quickrun でカーソルがある行のテストだけを実行する設定例も同作者により公開されています[†6]のでご参照ください。

5.3.2 Emacs

Emacs ユーザ向けには、k1LoW 氏[†7]が開発している Serverspec minor mode[†8]があります（図 5-2 参照）。helm インターフェースを利用した `*_spec.rb` ファイルの列挙、yasnippet 用スニペットによるリソースタイプの記述補助、auto-complete 用辞書によるマッチャの記述補助といった機能があります。

†5 http://vimeo.com/98406679
†6 https://github.com/glidenote/rspec-result-syntax
†7 https://github.com/k1low
†8 https://github.com/k1LoW/emacs-serverspec

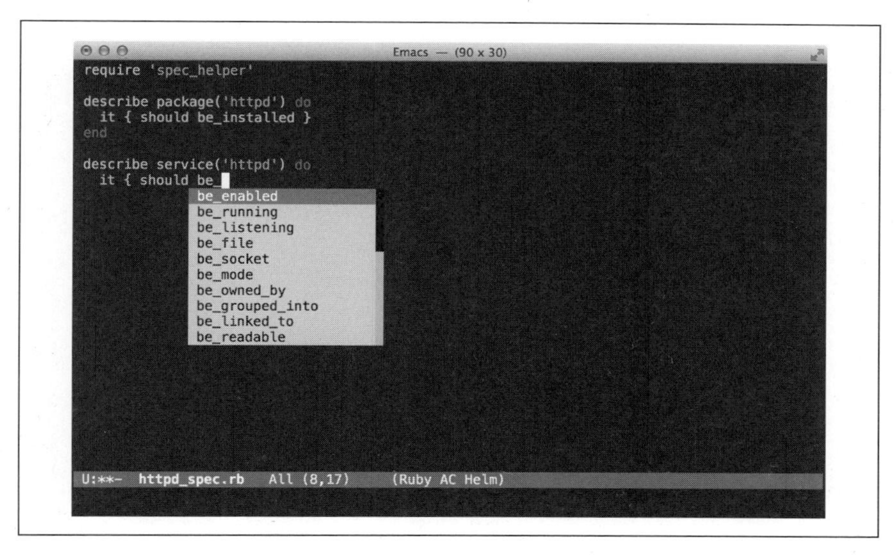

図 5-2 Emacs Serverspec minor mode

5.3.3 Atom

Atom ユーザ向けには、Tomohiro 氏[†9] が開発している serverspec-snippets パッケージがあります。キーワードを入力して TAB キーを押すことで、入力を補助してくれます。

図 5-3 がキーワードを入力して TAB キーを入力する前の状態、図 5-4 が TAB キーを入力した後の状態で、パッケージ名部分が選択された状態となっており、そのままパッケージ名を入力することができます。

†9 https://github.com/tomohiro

図 5-3 Atom 用 serverspec-snippets（TAB キー入力前）

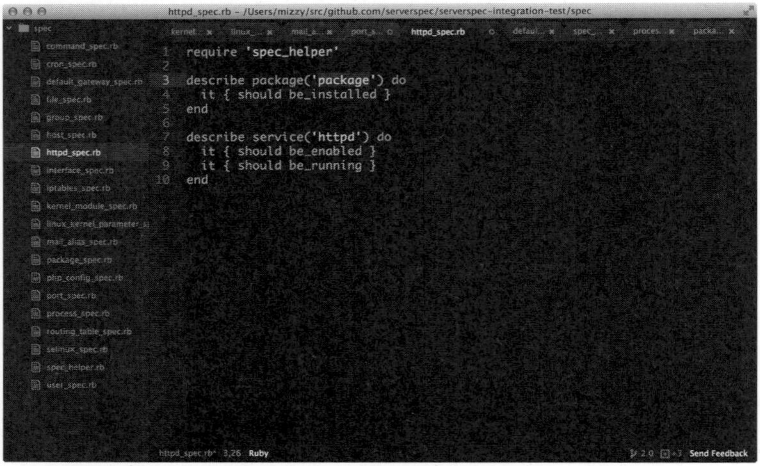

図 5-4 Atom 用 serverspec-snippets（TAB キー入力後）

5.4 サーバ構成管理ツール

Serverspec は Puppet、Chef、Ansible といったサーバ構成管理ツールと一緒に使うことを想定して開発されていますが、連携する必要は特にないと考えています。その辺りの筆者のスタンスについてここでは解説します。

Serverspec とサーバ構成管理ツールとの連携についてたまに見かける要望として、Chef の Node Attributes を Serverspec から読めるようにして欲しいというものがあります。これについては、筆者は否定的な立場をとっています。Node Attributes と連携したいということは、Node Attributes で設定されているパラメータが、Chef によって正しく設定されているかテストしたいということだと思われます。ですがそれは、Chef が正しく動作している限りにおいては、正しく設定されているはずであり、そこは Chef を信頼すべきでしょう。信頼できないのであれば、Chef を使うのはやめましょう。もし正しく設定されていないとしたら、それは Chef のバグです。Serverspec は Chef レシピが正しく書かれているかを確認するためのものですが、Chef 本体のデバッグを行うためのものではありません。

また、Node Attributes を使ってそのままテストすると、もし Node Attributes を間違った値に書き換えてしまっていても、Serverspec ではそれに気づくことはできません。Serverspec の目的の 1 つは、Chef レシピ等のインフラコードが正しく書かれているかテストすることです。したがって、Node Attributes を利用してテストを行うと、このようなミスに気づくことができず、本来の目的を果たせなくなってしまいます。

ですが、Node Attributes を Serverspec から参照するのが有効なケースも存在すると思います。ですので、やりたい方はご自由にやるとよいでしょう。ただし、そのような機能を Serverspec に入れるつもりは一切ありませんので、`Rakefile` や `spec_helper.rb`、あるいは Serverspec や Specinfra をご自身でカスタマイズするなり、別のツールを開発するなりしてください。

サーバ構成管理ツールとの連携のもう 1 つの目的は、テスト対象となるホストリストの取得でしょう。しかし、そもそも Serverspec の目的は、インフラコードが正しいかテストすることであって、その目的であれば、ローカル VM にインフラコードを適用して Serverspec でテストをすればいいだけです。本番環境へはテスト済みのインフラコードを適用するだけなので、構成管理ツールが信頼できるものであり、サーバへの変更は構成管理ツールでしか行わないという運用が徹底されていれば、本番環境へのテストは不要であり、ホストリストの取得も必要ないと考えています。

とは言え、これは理想論であって、現実的には様々な要因で、インフラコードがもたらすサーバの状態と、実際のサーバの状態が乖離することはよくあります。また、ローカルVMと本番環境を完全に同じ条件の元でテストするのは非常に難しいです。ですので、この目的での連携は筆者も必要と考えています。ただし、サーバ構成管理ツールを使っていても、ホストリストは別システムで持っているといったケースも多くありますし、システムも既製のものから自前のものまで、様々なものが存在します。したがって、Serverspecでは特定のシステムと連携する機能を持たせる予定はありません。

代わりに、Rakefileやspec_helper.rbをカスタマイズすることにより、外部から取得したホストリストをServerspecに与えることができるようになっています。

また、set_propertyとpropertyという2つのヘルパーメソッドで外部から取得した値をセットして、自由に取り出せるような仕組みを用意しています。これらのヘルパーメソッドの利用例については、既に「3.8 ホスト固有情報の利用」で説明していますが、次項でもこの仕組みを利用した連携例について説明を行います。

5.5 Consul

Consul[†10]はHashiCorp[†11]によって開発されている、サービスディスカバリ、障害検知、設定情報共有などを行うためのツールです。ノード情報とそのノードに紐づくサービスを管理することができるため、ノード一覧を取得し、ノードに紐づくサービスをロールと見立てて、「3.7.2 ロール毎にspecファイルをまとめる」で紹介したような、ロール単位のテストを実行するといった連携事例が考えられます。

Consulとの連携方法を示しますが、汎用性を持たせるために、Consulから取得した情報をJSON形式でファイルに吐き出し、それを利用するという形にします。Consulからノードとサービス情報を取得してJSONとして吐き出すスクリプトは次のようになります。

```
#!/usr/bin/env ruby

require 'open-uri'
```

†10 http://www.consul.io/
†11 http://www.hashicorp.com/

```
require 'json'

def get(endpoint)
  JSON.parse(open("http://localhost:8500/v1/catalog/#{endpoint}").read)
end

nodes = []

get('nodes').each do |node|
  name     = node['Node']
  services = get("/node/#{name}")['Services'].keys
  nodes << { 'name' => name, 'roles' => services }
end

puts JSON.dump(nodes)
```

このスクリプトを実行すると、次のような形で標準出力に出力されます（jqコマンド[†12]で整形しています）。

```
[
  {
    "name": "app001.example.com",
    "roles": [
      "app"
    ]
  },
  {
    "name": "app002.example.com",
    "roles": [
      "app"
    ]
  },
  {
    "name": "proxy001.example.com",
    "roles": [
      "proxy"
```

†12 http://stedolan.github.io/jq/

```
    ]
  },
  {
    "name": "proxy002.example.com",
    "roles": [
      "proxy"
    ]
  },
  {
    "name": "db001.example.com",
    "roles": [
      "db"
    ]
  },
  {
    "name": "db002.example.com",
    "roles": [
      "db"
    ]
  }
]
```

この内容が書かれたJSONファイルを読み込んでRakeタスクを定義するRakefileは次のようになります。

```
require 'rake'
require 'rspec/core/rake_task'
require 'json'

task :spec    => 'spec:all'
task :default => :spec

namespace :spec do
  hosts = JSON.load(File.new('hosts.json'))

  task :all     => hosts.map {|h| h['name'] }
  task :default => :all
```

```
  hosts.each do |host|
    full_name  = host['name']
    short_name = host['name'].split('.')[0]
    desc "Run serverspec tests to #{full_name}"
    RSpec::Core::RakeTask.new(short_name) do |t|
      ENV['TARGET_HOST'] = full_name
      t.pattern = "spec/{#{host['roles'].join(',')}}/*_spec.rb"
    end
  end
end
```

次のように実行することでapp001.example.comに対してテストが実行できます。

```
$ rake spec:app001
```

Consul以外のものでも、同様のJSON形式でホストとノード情報を出力するようなスクリプトを書くだけで、Rakefileはそのまま使い回すことができます。

5.6 Infrataster

Serverspecはサーバ内部の状態をテストするためのものであり、外からの振る舞いをテストするためのものではありません。そのため、そのような機能はServerspecには持たせておらず、今後も持たせる気はありません。

とは言え、サーバテストという視点で考えると、例えば複雑な設定ファイルのテストを行う場合、Serverspecで設定ファイルの内容をテストするよりも、外から振る舞いをテストする方が、より簡潔で確実なテストが行えます。

そのようなServerspecの足りない面を補うためのテストツールとして、ryotarai氏[†13]によって開発されているInfratasterというツールが存在します。

Vagrant VMにNginxをインストールし、Serverspecでパッケージのインストール、自動起動設定、起動状態のテストを行うとともに、InfratasterでNginxへアクセスして、レスポンスに指定された文字列が含まれているか、ヘッダのContent-Typeは正しいか、というテストを行うための例を示します。

インストールはgem installコマンドで行います。

†13 https://github.com/ryotarai

```
$ gem install infrataster
```

Vagrantfile は次のようなものを想定します。

```
VAGRANTFILE_API_VERSION = '2'

Vagrant.configure(VAGRANTFILE_API_VERSION) do |config|
  config.vm.define :trusty64 do |c|
    c.vm.box = 'ubuntu/trusty64'
    c.vm.network 'private_network', ip: '192.168.33.10'
  end
end
```

spec_helper.rb は次のようになります。

```
require 'serverspec'
require 'net/ssh'
require 'tempfile'
require 'infrataster/rspec'

set :backend, :ssh

host = 'trusty64'

`vagrant up #{host}`

config = Tempfile.new('', Dir.tmpdir)
`vagrant ssh-config #{host} > #{config.path}`

options = Net::SSH::Config.for(host, [config.path])

options[:user] ||= Etc.getlogin

set :host,        options[:host_name] || host
set :ssh_options, options

# Config for Infrataster
```

```
Infrataster::Server.define(
  :trusty64,
  '192.168.33.10',
  :vagrant => true,
)
```

テストコードは次のようになります。

```
require 'spec_helper'

### Tests by Serverspec

describe package('nginx') do
  it { should be_installed }
end

describe service('nginx') do
  it { should be_enabled }
  it { should be_running }
end

describe port(80) do
  it { should be_listening }
end

### Tests by Infrataster

describe server(:trusty64) do
  describe http('http://localhost') do
    it "responds content including 'Welcome to nginx!'" do
      expect(response.body).to include('Welcome to nginx!')
    end
    it "responds as 'text/html'" do
      expect(response.headers['content-type']).to eq('text/html')
    end
  end
end
```

実行すると次のような結果が得られます。

```
$ rspec spec/test_spec.rb

Package "nginx"
  should be installed

Service "nginx"
  should be enabled
  should be running

Port "80"
  should be listening

server 'trusty64'
  http 'http://localhost' with {:params=>{}, :method=>:get, :headers=>{}}
    responds content including 'Welcome to nginx!'
    responds as 'text/html'

Finished in 0.5109 seconds (files took 6.95 seconds to load)
6 examples, 0 failures
```

実際にはDeprecation Warningsが出力されますが、割愛しています。

5.7 テストハーネス

Serverspecを使ってテストを行う場合、テストを行うための準備や周辺操作が色々必要となってきます。例えば、手元のマシンでVMを利用してテストを行う場合、VMイメージの準備や、VMの起動、プロビジョニングといった作業が必要となります。そういったことを一手に引き受けてくれるテストハーネスを2つ簡単に紹介します。詳しい使い方については、各ツールのドキュメントなどをご参照ください。

5.7.1 Test Kitchen

Test Kitchen の概要

Test Kitchen[†14] は元々、GitHub 上では opscode/test-kitchen リポジトリに存在しており、そのことからもわかる通り、Chef と連携して動作するテストハーネスでした（Opscode, Inc. は Chef Software, Inc. の旧名です）。

現在リポジトリは test-kitchen/test-kitchen に移動しています。また、kitchen-puppet[†15] や kitchen-ansible[†16] といったプロビジョナーを利用することで、Chef 以外のサーバ構成管理ツールと連携することもできます。

Test Kitchen の使い方

ここに紹介する手順は Test Kitchen サイトの Getting Started Guide[†17] を要約したものです。詳しい情報は本サイトの方をご参照ください。

Test Kitchen のインストールは `gem install test-kitchen` で行います。

```
$ gem install test-kitchen
```

お試し用の Chef クックブックを作成します。まずは `git-cookbook` ディレクトリを作成して `cd` で移動します。

```
$ mkdir git-cookbook
$ cd git-cookbook
```

次の内容で `metadata.rb` を作成します。

```
name "git"
version "0.1.0"
```

レシピファイルを作成します。

†14 http://kitchen.ci/
†15 https://github.com/neillturner/kitchen-puppet
†16 https://github.com/neillturner/kitchen-ansible
†17 http://kitchen.ci/docs/getting-started/

```
$ mkdir recipes
$ echo 'package "git"' > recipes/default.rb
```

kitchen init を実行して、Test Kitchen 実行に必要なファイルを生成したり、必要な gem をインストールします。

```
$ kitchen init --driver=kitchen-vagrant
      create  .kitchen.yml
      create  test/integration/default
         run  gem install kitchen-vagrant from "."
Fetching: kitchen-vagrant-0.15.0.gem (100%)
Successfully installed kitchen-vagrant-0.15.0
Parsing documentation for kitchen-vagrant-0.15.0
Installing ri documentation for kitchen-vagrant-0.15.0
Done installing documentation for kitchen-vagrant after 0 seconds
1 gem installed
```

次のような .kitchen.yml ができているはずです。

```
---
driver:
  name: vagrant

provisioner:
  name: chef_solo

platforms:
  - name: ubuntu-12.04
  - name: centos-6.4

suites:
  - name: default
    run_list:
      - recipe[git::default]
    attributes:
```

Sererspec によるテストコードを置くためのディレクトリを作成します。

```
$ mkdir -p test/integration/default/serverspec
```

次の内容で test/integration/default/serverspec/git_daemon_spec.rb を作成します。

```
require 'serverspec'

set :backend, :exec

describe package('git') do
  it { should be_installed }
end
```

kitchen verify を実行して、CentOS 6.4 と Ubuntu 12.04 の VM 起動、Chef のインストール、Chef クックブックの適用、テストまでを一気に行います。

```
$ kitchen verify
```

kitchen list で結果を確認できます。

```
$ kitchen list
Instance             Driver   Provisioner  Last Action
default-ubuntu-1204  Vagrant  ChefSolo     Verified
default-centos-64    Vagrant  ChefSolo     Verified
```

5.7.2 Beaker

Beaker[†18] は Puppet Labs によって開発されている、Test Kitchen と似た立ち位置のツールです。Test Kitchen 程知られてはいないようですし、ドキュメントを見たところ、Test Kitchen 程手軽に試すことができなさそうでしたので、紹介だけにとどめておきます。

5.8 監視ツール

サーバの監視とは、継続的にテストを行うことと同義であり、Serverspec による

†18 https://github.com/puppetlabs/beaker

テストを継続的に行うことで、サーバ監視を行う、といったことを実践している方もいるようです。とは言え、Serverspecはテストを行うだけで、サーバ監視ツールに必要な機能は持っていません。そのため、何からの監視ツールとServerspecを組み合わせることで、監視を行うことになります。

ここでは、Nagios†19とSensu†20をServerspecと組み合わせる方法について簡単に紹介します。

5.8.1 Nagios

NagiosとServerspecを組み合わせるためには、rspec-nagios-formatter†21を利用します。

rspec-nagios-formatterはgemコマンドでインストールすることができます。

```
$ gem install rspec-nagios-formatter
```

また、Serverspec v2はRSpec 3をサポートしていますが、rspec-nagios-formatterはRSpec 3がサポートしていないフォーマッタインタフェースを利用しているので、rspec-legacy_formatters gemもインストールしておく必要があります。

```
$ gem install rspec-legacy_formatters
```

check_rspecコマンドで、テスト結果がNagiosフォーマットで出力されます。

```
$ TARGET_HOST=centos70 check_rspec -- \
  --require rspec/legacy_formatters spec/service_spec.rb
RSPEC OK - 4 examples, 0 failures, finished in 0.29138 seconds | examples=4
passing=4 failures=0 pending=0 conformance=100% time=0.29138s
```

check_rspecコマンドの代わりに、rspecコマンドでフォーマッタを明示的に指定することでも同じ出力が得られます。

---

†19 http://www.nagios.org/
†20 http://sensuapp.org/
†21 https://github.com/jhoblitt/rspec-nagios-formatter

```
$ TARGET_HOST=centos70 rspec --require rspec/legacy_formatters \
   --format RSpec::Nagios::Formatter spec/service_spec.rb
RSPEC OK - 4 examples, 0 failures, finished in 0.28067 seconds | examples=4
passing=4 failures=0 pending=0 conformance=100% time=0.28067s
```

5.8.2 Sensu

SensuにはServerspecと連携するためのコミュニティプラグインが存在します[†22]。

プラグインを単体で実行すると、次のような結果が得られます。

```
$ TARGET_HOST=centos70 ./check-serverspec.rb -t spec/service_spec.rb -d .
4 examples, 0 failures
CheckServerspec OK: 4 examples, 0 failures
```

5.9 IaaS

「5.5 Consul」の例では、Consulからテスト対象となるホストの情報を取得していましたが、Amazon EC2のようなIaaSではAPIでホストの情報を取得できるので、そちらを使うのが一般的です。ここでは、EC2上のインスタンス情報をAPI経由で取得して、Serverspecから利用する方法を解説します。なお、インスタンスへのSSHログインはec2-userで行い、ec2-userはパスワードなしでsudoができること、また、インスタンスにはタグが付与されており、Nameで名前が、Rolesでカンマ区切りのロールが設定されていることを前提としています。また、テストファイルはロール毎にディレクトリを作成しまとめています。

RubyからAmazon Web ServicesのAPIにアクセスするためのaws-sdk gemをインストールします。

```
$ gem install aws-sdk
```

APIへのアクセスに必要となる、情報を環境変数にセットします。

```
export AWS_REGION=ap-northeast-1
```

†22 https://github.com/sensu/sensu-community-plugins/blob/master/plugins/serverspec/check-serverspec.rb

```
export AWS_ACCESS_KEY_ID=...
export AWS_SECRET_ACCESS_...
```

「5.5 Consul」の例と同様に、APIから取得したインスタンスの情報をJSON形式で出力するためのスクリプトを作成します。「5.5 Consul」と異なるのは、IPアドレスも取得しているところです。

```
#!/usr/bin/env ruby

require 'aws-sdk'
require 'json'

hosts = []

ec2 = AWS.ec2
ec2.instances.each do |i|
  tags = i.tags.to_h
  roles = tags.delete('Roles').split(/,\s+/)
  hosts << { :ipaddress => i.ip_address, :roles => roles }.merge(tags)
end

puts JSON.dump(hosts)
```

このスクリプトを実行すると、次のようなJSONが標準出力に出力されます（jqコマンドで整形しています）。

```
[
  {
    "ipaddress": "54.64.92.119",
    "roles": [
      "app"
    ],
    "Name": "app-001"
  },
 {
    "ipaddress": "54.64.92.120",
    "roles": [
```

```
      "app"
    ],
    "Name": "app-002"
  },
  {
    "ipaddress": "54.64.92.121",
    "roles": [
      "proxy"
    ],
    "Name": "proxy-001"
  },
  {
    "ipaddress": "54.64.92.122",
    "roles": [
      "proxy"
    ],
    "Name": "proxy-002"
  },
  {
    "ipaddress": "54.64.92.123",
    "roles": [
      "db"
    ],
    "Name": "db-001"
  },
  {
    "ipaddress": "54.64.92.124",
    "roles": [
      "db"
    ],
    "Name": "db-002"
  }
]
```

これをhosts.jsonというファイルに保存し、次のRakefileから参照してタスクを定義します。

```
require 'rake'
require 'rspec/core/rake_task'
require 'json'

task :spec    => 'spec:all'
task :default => :spec

namespace :spec do
  hosts = JSON.load(File.new('hosts.json'))

  task :all     => hosts.map {|h| h['Name'] }
  task :default => :all

  hosts.each do |host|
    name = host['Name']
    desc "Run serverspec tests to #{name}"
    RSpec::Core::RakeTask.new(name) do |t|
      ENV['TARGET_HOST'] = name
      ENV['TARGET_IP']   = host['ipaddress']
      t.pattern = "spec/{#{host['roles'].join(',')}}/*_spec.rb"
    end
  end
end
```

ENV['TARGET_HOST'] とは別に ENV['TARGET_IP'] を定義していますが、ENV['TARGET_HOST'] はテスト結果での表示に用い、ENV['TARGET_IP'] は SSH でのアクセスに用います。

spec_helper.rb は次のようになります。非常に単純ですね。

```
require 'serverspec'
require 'net/ssh'

set :backend, :ssh

set :host, ENV['TARGET_IP']
set :ssh_options, :user => 'ec2-user', :keys => ['~/.ssh/serverspec.pem']
set :request_pty, true
```

テストを行うには次のように実行します。

```
$ rake spec:app-001
```

5.10 CI as a Service

「4.8.2 インテグレーションテスト」にて、Serverspec自身のインテグレーションテストをWercker+DigitalOceanで行っていることを説明しました。ただ、Serverspecのテストは、テスト対象ブランチのServerspecやSpecinfraをビルドしてインストールするという特殊な要件があるため、サンプルとしては不適当ですので、ここでは最低限のサンプルコードを示します。

Vagrantfileは次のようになります。Ubuntu 14.04のVMを起動し、Shell Provisionerを利用してnginxパッケージをインストールしています。また、ローカルマシン上でもDigitalOcean上でも、どちらでも動作するようになっています。

```
VAGRANTFILE_API_VERSION = '2'

Vagrant.configure(VAGRANTFILE_API_VERSION) do |config|
  config.vm.box = 'ubuntu/trusty64'

  config.vm.provider :digital_ocean do |provider, override|
    override.ssh.private_key_path = '~/.ssh/id_rsa'
    override.vm.box               = 'digital_ocean'
    override.vm.box               = 'AndrewDryga/digital-ocean'
    provider.token                = ENV['DIGITALOCEAN_ACCESS_TOKEN']
    provider.image                = 'Ubuntu 14.04 x64'
    provider.region               = 'sgp1'
    provider.size                 = '512MB'

    if ENV['WERCKER'] == 'true'
      provider.ssh_key_name = 'wercker'
    else
      provider.ssh_key_name = 'My MacBook Pro'
    end
  end

  config.vm.provision :shell, inline: <<-EOF
```

```
    sudo apt-get install -y nginx
  EOF
end
```

spec/spec_helper.rb は次のようになります。単一のVMのみをテスト対象としてるので、Rakefile は用意していません。

```
require 'serverspec'
require 'net/ssh'
require 'tempfile'

set :backend, :ssh

host = 'default'

config = Tempfile.new('', Dir.tmpdir)
`vagrant ssh-config #{host} > #{config.path}`

options = Net::SSH::Config.for(host, [config.path])

options[:user] ||= Etc.getlogin

set :host,        options[:host_name] || host
set :ssh_options, options
```

テストコードが書かれた spec/nginx_spec.rb は次のようになります。

```
require 'spec_helper'

describe package('nginx') do
  it { should be_installed }
end

describe service('nginx') do
  it { should be_enabled }
  it { should be_running }
end
```

ローカルマシン上でVMを起動します。

```
$ vagrant up
```

テストを実行します。

```
$ rspec
```

ローカルマシン上のVMを破棄してDigitalOcean上にVMを作成する場合は次のように実行します。

```
$ vagrant destroy -f
$ vagrant up --provider=digital_ocean
```

テストはローカルマシン上のVMの場合と同様に実行できます。

```
$ rspec
```

これらのコードを元に、Wercker上でCIを行うための`wercker.yml`は次のようになります。

```
box: wercker/ruby
build:
  steps:
    - script:
        name: Make $HOME/.ssh directory
        code: mkdir -p $HOME/.ssh
    - create-file:
        name: Put SSH public key
        filename: $HOME/.ssh/id_rsa.pub
        overwrite: true
        hide-from-log: true
        content: $DIGITALOCEAN_SSH_KEY_PUBLIC
    - create-file:
        name: Put SSH private key
```

```
        filename: $HOME/.ssh/id_rsa
        overwrite: true
        hide-from-log: true
        content: $DIGITALOCEAN_SSH_KEY_PRIVATE
    - script:
        name: Run chmod 0400 $HOME/.ssh/id_rsa
        code: chmod 0400 $HOME/.ssh/id_rsa
    - script:
        name: gem install
        code: sudo gem install serverspec --no-ri --no-rdoc
    - script:
        name: Get Vagrant
        code: wget https://dl.bintray.com/mitchellh/vagrant/vagrant_1.6.3_x86_64.deb
    - script:
        name: Install Vagrant
        code: sudo dpkg -i vagrant_1.6.3_x86_64.deb
    - script:
        name: Run vagrant plugin install
        code: vagrant plugin install vagrant-digitalocean
    - script:
        name: Run vagrant up
        code: vagrant up --provider=digital_ocean
    - script:
        name: Run rspec
        code: rspec

  after-steps:
    - script:
        name: Run vagrant destroy
        code: vagrant destroy --force
```

これらのファイルをGitHubやBitbucketに置き、WerckerやDigitalOceanで適切な設定を行えば、変更をpushするたびに、自動的にテストが行われます。WerckerやDigitalOceanの具体的な設定方法については割愛しますが、設定上のポイントだけ簡単に示します。

Werckerでは、SSHキーを生成し、`DIGITALOCEAN_SSH_KEY`というプレフィックスで環境変数に設定してください。`wercker.yml`から`$DIGITALOCEAN_SSH_KEY_PUBLIC`、

$DIGITALOCEAN_SSH_KEY_PRIVATE で参照できるようになります。

また、環境変数 DIGITALOCEAN_ACCESS_TOKEN に DigitalOcean のアクセストークンを設定してください。

DigitalOcean 側では、Wercker で生成した公開鍵の登録を行ってください。鍵の名前は、Vagrantfile の provider.ssh_key_name で指定されている名前と同じにする必要があります。

5.11　本章のまとめ

- Serverspec は Vagrant との連携を意識しており、serverspec-init で Vagrant VM に対してテストを実行するための雛形を生成することができます。
- Guard::RSpec を利用すると、テストコードを書いてファイルを保存したら自動でテストを実行することができ、コード書きが捗ります。
- テストコードを書くのに便利な、Vim、Emacs、Atom 用のプラグインが存在します。
- 各種サーバ構成管理ツールとの連携については、筆者のポリシーにより特に Serverspec 側で機能は持たせていませんし、持たせるつもりもありません。ご自身でカスタマイズを行ってください。
- Consul や、AWS の API を通じてホスト情報を取得し、Serverspec でテストを行うコード例を示しました。
- Serverspec と Infrataster を組み合わせることで、状態のテストと振る舞いのテスト、双方を行うことができます。
- テストを行う際に必要となる、VM 関連の操作やプロビジョニングを行ってくれるテストハーネスとして、Test Kitchen と Beaker を紹介しました。
- Nagios や Sensu と組み合わせて Serverspec をサーバ監視に利用することもできます。
- Wercker と DigitalOcean を組み合わせて CI を行うためのコード例を示しました。

6章 トラブルシューティングとデバッグ

ここではテストが失敗したり、例外で異常終了した場合に見るべきポイントについて解説します。

6.1 Pryによるトラブルシューティングとデバッグ

トラブルシューティングやデバッグをする際には、実際の挙動をインタラクティブに確認できると便利です。インタラクティブに確認するためには、Rubyに標準でついているirbを利用できますが、ここではirbよりも高機能なPryを利用した方法を紹介します。

Pryは次のようにgemコマンドでインストールできます。

```
$ gem install pry
```

接続ホストを指定してpryコマンドを実行してPryコンソールを起動します。

```
$ TARGET_HOST=ubuntu1404 pry
```

最初にrspecを読み込み、次にお使いのspec_helper.rbを読み込みます。

```
[1] pry(main)> require 'rspec'
=> true
[2] pry(main)> require './spec/spec_helper'
=> true
```

これで準備は完了です。あとは調べたいメソッドを実行して実際の挙動を確認します。例えば、次のようにosヘルパーメソッドを実行して、OSの情報が正しく取得できているか確認することができます。

```
[3] pry(main)> os
=> {:family=>"ubuntu", :release=>"14.04", :arch=>"x86_64"}
```

Pryを利用した具体的なトラブルシューティング / デバッグ例は、本章の「6.2.2 標準出力と標準エラー出力を確認してみる」、「6.3.4 SSH接続時のトラブルに対応する」、「6.3.5 sudo実行時のトラブルに対応する」で取り上げています。

6.2 テストが失敗した場合

6.2.1 エラーメッセージに表示されているコマンドを実行してみる

テストが失敗した場合、次のように、テスト対象のホスト名、実行したコマンドとその出力、テストコードが書かれたファイルと、失敗したテストが記述されている行番号が出力されます。

```
Failures:

  1) Service "dnsmasq" should be running
     On host `centos70'
     Failure/Error: it { should be_running }
       expected Service "dnsmasq" to be running
       sudo -p 'Password: ' /bin/sh -c systemctl\ is-active\ dnsmasq.service
       inactive

     # ./spec/service_spec.rb:5:in `block (2 levels) in <top (required)>'
```

テストが失敗する場合のほとんどのケースでは、この情報を元に調査を行えば、解決できるはずです。

例えば先の例の場合、systemctl is-active dnsmasq.serviceを実行した結果、inactiveが返っているので、サービスが起動していないことがわかります。

実際に対象ホストにSSHログインして、Serverspecが実行しているのと同じコマンドを実行してみると、確かにinactiveになっています。

```
$ sudo -p 'Password: ' /bin/sh -c systemctl\ is-active\ dnsmasq.service
inactive
```

ですのでこの場合には、サービスを起動すればテストが通るようになります。

```
$ sudo systemctl start dnsmasq.service
```

念のためServerspecが実行しているコマンドを再度実行します。

```
$ sudo -p 'Password: ' /bin/sh -c systemctl\ is-active\ dnsmasq.service
active
```

これでテストが通るようになるはずです。さらに、本来であれば起動しているはずなのに、なぜ起動していなかったかを調査するために、systemctl is-enabledコマンドで自動起動するよう設定されているか調べたり、ログを調査して何らかの原因でサービスが異常終了していないかなどを調べるという流れになります。

6.2.2　標準出力と標準エラー出力を確認してみる

テストが通るはずなのに通らないといったケースでは、標準出力をテストすべきケースで標準エラー出力をテストしている、あるいは逆に、標準エラー出力をテストすべきケースで標準出力をテストしているといったケースもあります。

例えば、次のようなnginx -vコマンドの出力をテストする場合で見てみます。

```
describe command('nginx -v') do
  its(:stdout) { should match /nginx version: nginx/1.4.6 (Ubuntu)/ }
end
```

nginx -vは実際には標準出力ではなく標準エラー出力に対して出力を行うので、このテストは失敗します。次のようにテストを修正すると通るようになります。

```
describe command('nginx -v') do
  its(:stderr) { should match /nginx version: nginx/1.4.6 (Ubuntu)/ }
end
```

ですが、ややこしいことに、SSHではPTYが割り当てられていると、標準エラー出力が標準出力の方にマージされてしまい、標準エラー出力が空になってしまいます。

Specinfraでは`set :sudo_password`でsudoパスワードが設定されている場合や、`set :request_pty, true`が設定されている場合には、SSH接続時にPTYが割り当てられます。したがってこの場合には、本来なら標準エラー出力に対して行うテストを、標準出力に対して行う必要があります。

このように、指定したコマンドの出力が標準出力なのか標準エラー出力なのかは、コマンドの仕様にもよりますし、SSH接続にPTYが割り当てられているか否かでも変わってくるため、単に対象サーバにSSHログインしてコマンドを実行しただけでは、正しい挙動を確認することができません。こういった場合は、Pryを利用して実際にSpecinfraを通してコマンドを実行すると正しい挙動を確認することができます。

```
[4] pry(main)> Specinfra::Runner.run_command('nginx -v')
=> #<Specinfra::CommandResult:0x007f96ead5bd20
 @exit_signal=nil,
 @exit_status=0,
 @stderr="nginx version: nginx/1.4.6 (Ubuntu)\n",
 @stdout="">
```

この結果を見ると、`@stderr`に出力結果が入っているので、筆者の実行環境では標準エラー出力に出力されていることがわかります。

6.3 例外で異常終了した場合

次に、テストが例外で異常終了した場合に見るべきポイントについて説明します。

6.3.1 エラーメッセージから原因を推測する

異常終了した場合には、まずはエラーメッセージをよく見て、問題となっているポイントを把握するのが近道です。例外で終了した場合にも、基本的にはテストが失敗した場合と同じ形式でメッセージが表示されます。

```
Failures:

  1) Service "dnsmasq" should be enabled
     On host `centos70'
     Failure/Error: it { should be_enabled }
     Net::SSH::AuthenticationFailed:
       Authentication failed for user mizzy@127.0.0.1

     # /Users/mizzy/src/specinfra/lib/specinfra/backend/ssh.rb:74:in `create_ssh'
     # /Users/mizzy/src/specinfra/lib/specinfra/backend/ssh.rb:97:in `ssh_exec!'
     ...
```

この場合、「Authentication failed for user mizzy@127.0.0.1」と表示されているので、SSHの認証が失敗していることがわかります。したがってこの場合には、SSH接続まわりの設定を見直すことになります。

また、次のように、テストが失敗したときと同じ形式ではなく、通常のRubyプログラムが異常終了した場合と同様にエラーメッセージとスタックトレースが表示される場合もあります。この場合でも表示されるエラーメッセージ自体は同じですので、見るべきポイントは変わりません。

```
$ TARGET_HOST=centos70 rspec spec/default_gateway_spec.rb
/Users/mizzy/.rbenv/versions/2.1.1/lib/ruby/gems/2.1.0/gems/net-ssh-2.9.1/lib/
net/ssh.rb:219:in `start': Authentication failed for user mizzy@127.0.0.1
 (Net::SSH::AuthenticationFailed)
    from /Users/mizzy/src/specinfra/lib/specinfra/backend/ssh.rb:74:in `create_ssh'
    from /Users/mizzy/src/specinfra/lib/specinfra/backend/ssh.rb:97:in `ssh_exec!'
    ...
```

6.3.2 出力を減らすためにテスト対象を絞り込む

テストの数が多いと、異常終了した場合に大量にメッセージが表示され、どこを見ていいかがわからない場合があります。そのような場合には、テストファイルや、テストファイルの行番号をピンポイントで指定することにより、実行するテストを絞り込み、メッセージ量を少なくすることができます。次の実行例では、spec/service_spec.rb の4行目のテストだけを実行しています。

```
$ TARGET_HOST=centos70 rspec spec/service_spec.rb:4
Run options: include {:locations=>{"./spec/service_spec.rb"=>[4]}}

Service "dnsmasq"
  should be enabled (FAILED - 1)

Failures:

  1) Service "dnsmasq" should be enabled
     On host `centos70'
     Failure/Error: it { should be_enabled }
     Net::SSH::AuthenticationFailed:
       Authentication failed for user mizzy@127.0.0.1

     # /Users/mizzy/src/specinfra/lib/specinfra/backend/ssh.rb:74:in `create_ssh'
     # /Users/mizzy/src/specinfra/lib/specinfra/backend/ssh.rb:97:in `ssh_exec!'
     ...
     # ./spec/service_spec.rb:4:in `block (2 levels) in <top (required)>'

Finished in 0.02852 seconds (files took 6.34 seconds to load)
1 example, 1 failure

Failed examples:

rspec ./spec/service_spec.rb:4 # Service "dnsmasq" should be enabled
```

6.3.3 実行途中でPryコンソールを起動する

先の認証エラーの場合、「# /Users/mizzy/src/specinfra/lib/specinfra/backend/ssh.rb:74:in `create_ssh'」というメッセージから、Specinfraのファイル specinfra/backend/ssh.rb の74行目でエラーとなっていることがわかります。

このファイルの73行目以降は次のようになっています。74行目で Net::SSH.start を呼び出しており、ここでエラーとなっていることがわかります。

```
def create_ssh
  Net::SSH.start(
    Specinfra.configuration.host,
    Specinfra.configuration.ssh_options[:user],
    Specinfra.configuration.ssh_options
  )
end
```

このファイルを編集して、次のように2行挿入します。

```
def create_ssh
  require 'pry'
  binding.pry
  Net::SSH.start(
    Specinfra.configuration.host,
    Specinfra.configuration.ssh_options[:user],
    Specinfra.configuration.ssh_options
  )
end
```

エラーが起きたときと同じ処理を再度実行すると、binding.pryの行で処理が一時停止し、Pryコンソールが起動します。

```
From: /Users/mizzy/src/specinfra/lib/specinfra/backend/ssh.rb @ line 75
 Specinfra::Backend::Ssh#create_ssh:

    73: def create_ssh
    74:   require 'pry'
 => 75:   binding.pry
    76:   Net::SSH.start(
    77:     Specinfra.configuration.host,
    78:     Specinfra.configuration.ssh_options[:user],
    79:     Specinfra.configuration.ssh_options
    80:   )
    81: end

[1] pry(#<Specinfra::Backend::Ssh>)>
```

Net::SSH.start でエラーとなっているため、渡されているオプションが正しいか確認します。例えば、Specinfra.configuration.ssh_options の内容が正しいか、次のように内容を表示して確認します。

```
[1] pry(#<Specinfra::Backend::Ssh>)> Specinfra.configuration.ssh_options
=> {:auth_methods=>["none", "publickey", "keyboard-interactive"],
 :host_name=>"127.0.0.1",
 :user=>"foo",
 :port=>2222,
 :user_known_hosts_file=>"/dev/null",
 :keys=>["/Users/mizzy/.vagrant.d/insecure_private_key"],
 :keys_only=>true,
 :send_env=>["LANG"]}
```

Pry では他にも様々なことができます。詳しくは Pry のオフィシャルサイト[†1] をご参照ください。

6.3.4 SSH 接続時のトラブルに対応する

エラーメッセージから、SSH 接続時にエラーになっていると推測される場合、SSH 接続関連の設定を見直します。SSH 接続に関する設定は、基本的に spec_helper.rb に書かれていることが多いため、spec_helper.rb を読んで、問題がありそうな箇所を修正することになりますが、ここでも Pry を使って実際の挙動を確認する方が、原因をつきとめやすいです。

SSH 接続に関する設定は、Specinfra.configuration.host や Specinfra.configuration.ssh_options に設定されているので、これらの値を Pry を使って調べます。

```
$ TARGET_HOST=centos70 pry
[1] pry(main)> require 'rspec'
=> true
[2] pry(main)> require './spec/spec_helper'
=> true
[3] pry(main)> Specinfra.configuration.host
=> "127.0.0.1"
```

†1 http://pryrepl.org/

```
[4] pry(main)> Specinfra.configuration.ssh_options
=> {:auth_methods=>["none", "publickey", "keyboard-interactive"],
 :host_name=>"127.0.0.1",
 :user=>"vagrant",
 :port=>2203,
 :user_known_hosts_file=>"/dev/null",
 :keys=>["/Users/mizzy/.vagrant.d/insecure_private_key"],
 :Keys_only=>true}
```

この設定内容で問題ないか確認する場合には、ssh コマンドのオプションに同様のものを与えて、実行してみるとよいでしょう。

```
$ ssh vagrant@127.0.0.1 -p 2203 -i /Users/mizzy/.vagrant.d/insecure_private_key
```

6.3.5　sudo 実行時のトラブルに対応する

PTY 割り当てを確認する

テスト対象ホストの /etc/sudoers に Defaults requiretty が設定されている場合、次のようなエラーメッセージが表示されることがあります。

```
Failures:

  1) Service "dnsmasq" should be enabled
     On host `centos70'
     Failure/Error: it { should be_enabled }
     SystemExit:
       Please write "set :request_pty, true" in your spec_helper.rb or other
        appropriate file.
```

Specinfra.configuration.sudo_password が設定されている場合、自動的に SSH 接続時に PTY 割り当てを要求しますが、sudo_password が設定されていない場合には、PTY 割り当ては要求しません。このようなエラーメッセージが出た場合には、メッセージ通り、spec_helper.rb や他の適切なファイルで、次のように明示的に PTY 割り当てを要求するように設定してください。

```
set :request_pty, true
```

ただしこのエラーメッセージを表示する部分の処理は、レスポンスに含まれる「you must have a tty to run sudo」という文字列をひっかけて処理を行っています。ロケールが異なるとメッセージの言語が変わり、この文字列も変わるため、うまく処理できず、次のように「no implicit conversion of Symbol into Integer」という、実際のエラーの原因とは関係ないメッセージが表示されてしまいます。

```
Failures:

  1) Service "dnsmasq" should be enabled
     On host `centos70'
     Failure/Error: it { should be_enabled }
     TypeError:
       no implicit conversion of Symbol into Integer
       sudo -p 'Password: ' /bin/sh -c uname\ -s
```

このようなエラーが出たら、set :request_pty, trueを設定してみてください。

どの言語でも対応できるうまい解決法をご存じの方は、ぜひGitHubでプルリクエストを送ってください。

環境変数を確認する

もう1つ、sudoではまりやすいのは、環境変数です。Specinfraは明示的にset :disable_sudo, trueが設定されていなければ、必ずsudoつきでコマンドを実行します。そのため、環境変数が想定通りに設定されておらず、トラブルが起こることがあります。Specinfraによるコマンド実行時の環境変数も、Pryを使うことにより確認することができます。

```
[6] pry(main)> puts Specinfra::Runner.run_command('env').stdout
TERM=unknown
SHELL=/bin/bash
USER=root
SUDO_USER=vagrant
SUDO_UID=1000
```

```
USERNAME=root
PATH=/sbin:/bin:/usr/sbin:/usr/bin
MAIL=/var/mail/vagrant
PWD=/home/vagrant
LANG=C
SHLVL=1
SUDO_COMMAND=/bin/sh -c env
HOME=/root
LOGNAME=root
SUDO_GID=1000
_=/bin/env
=> nil
```

6.4　本章のまとめ

- トラブルシューティングやデバッグにはPryが便利です。
- テストが失敗した場合、Serverspecが実際に実行したコマンドが表示されるので、それを元に調査しましょう。
- 標準出力と標準エラー出力は間違えやすいポイントですので、注意しましょう。
- エラーメッセージをよく読みましょう。
- 出力されるメッセージ量が多いとエラーの原因を探るのが大変なので、ピンポイントでファイル内の行を指定してテストを実行し、メッセージ量を減らしましょう。
- SSH接続時のトラブルは、Pryで `Specinfra.configuration.host` や `Specinfra.configuration.ssh_options` の内容をダンプし、同じ設定を `ssh` コマンドに渡して実行することで、調査することができます。
- PTY割り当て絡みでトラブルが起こることもよくあるので、よくわからないエラーが出たら、`set :request_pty, true` を設定してみてください。
- 環境変数まわりもトラブルが起きやすいです。Pryにより、Serverspec実行時とまったく同じ状態を再現し、環境変数をダンプすることで、調査がしやすくなります。

7章 Serverspecの今後

本書のまとめとして、Serverspecの今後について、筆者の考えを述べてみます。

7.1 Serverspecの方向性

Serverspec自身は既にある程度完成されていると筆者は考えているため、今後大きく変えることは特に考えていません。それよりも、「1.6　Serverspecの究極の目標」で述べたような、「システムの継続的改善」を実現するための1つのパーツとして、Serverspecをいかに活用するか、という方向に注力していきたいと考えています。

7.2 RSpec以外の実装

これまでに見て来たように、Serverspecの核となる機能は、ほとんどSpecinfra側で持っており、ServerspecはRSpecの記法でSpecinfraを呼び出すための薄い層に過ぎません。

ということは、RSpecではなく、他のテスティングフレームワークに置き換えるのも、それほど難しくなく、例えばminitest[†1]を利用したServerspec実装が出てくるかもしれません。

また、3章のコラム「shouldワンライナー記法を使い続ける理由」でも述べたように、RSpecは本来やりたいことに比して、記法のバリエーションや機能が多く、複雑過ぎるきらいがあります。これはRSpecだけに言えることではなく、最近のテスティングフレームワークの多くに当てはまります。

これに対するアンチテーゼとして、Power Assertというコンセプトがあり、Ruby

†1　http://docs.seattlerb.org/minitest/

のtest-unitでも3.0.0からPower Assertをサポートしています。

Power Assertとは、`assert { a == b }`といった単純なアサーション（RSpecでいうマッチャのようなもの）のみあれば十分というものです。テスト失敗時の情報が多く、わかりやすく表示されているため、多くのアサーションを使い分けなくても済むようになっています。

Serverspec v2では試験的にPower Assertに一部対応しています。例えば、Power Assertを用いてnginxパッケージがインストールされているかテストするコードは、次のようになります。

```
require 'serverspec/power_assert'

set :backend, :exec

class TestPackage < Serverspec::TestCase
  def test_package_nginx_is_installed
    assert { package('nginx').installed? }
  end
end
```

実行すると次のような結果が得られます。

```
$ ruby test_package.rb
Loaded suite test_package
Started
F
===============================================================================
Failure:
      assert { package('nginx').installed? }
               |                 |
               |                 false
               /usr/local/bin/brew list -1 | grep -E '^nginx$'
test_package_nginx_is_installed(TestPackage)
/Users/mizzy/.rbenv/versions/2.1.1/lib/ruby/gems/2.1.0/gems/power_assert-0.1.4/
lib/power_assert.rb:25:in `start'
test_package.rb:7:in `test_package_nginx_is_installed'
     4:
```

```
     5: class TestPackage < Serverspec::TestCase
     6:   def test_package_nginx_is_installed
  => 7:     assert { package('nginx').installed? }
     8:   end
     9: end
===============================================================================


Finished in 0.396694 seconds.

1 tests, 1 assertions, 1 failures, 0 errors, 0 pendings, 0 omissions, 0 notifications
0% passed

2.52 tests/s, 2.52 assertions/s
```

この結果のうち、Power Assert からテスト失敗時の情報が表示されているのは、次の部分です。

```
Failure:
      assert { package('nginx').installed? }
               |                 |
               |                 false
               /usr/local/bin/brew list -1 | grep -E '^nginx$'
```

通常、Power Assert では `Object#inspect` により得られる情報を表示しますが、Serverspec の Power Assert 対応では `Object#inspect` をオーバーライドして、実行したコマンドを表示するようにしています。

Serverspec v2 の Power Assert 対応は現在のところ試験的であり不十分ですが、今後充実させていく予定です。

test-unit を利用した Power Assert 対応や、最初に触れた minitest を利用した実装という方向性以外にも、RSpec、test-unit、minitest といった既存のテスティングフレームワークを使わない独自実装という方向性も考えられます。

とはいえ、筆者は Power Assert 対応以外は今のところ予定しておりません。ぜひ他の方に、Serverspec よりもよりよいサーバテスティングフレームワークを開発して欲しいと思っています。

7.3 別言語での実装

Serverspec v1はRSpec 2に、Serverspec v2はRSpec 3に依存しています。このため、複数のバージョンのRSpecに依存しているツールは、Serverspecと一緒に使うことができません。コンフリクトが発生してしまうからです。

このような、いわゆる「依存性地獄」と呼ばれる状態を解消するために、Go言語でServerspecを実装してはどうか、といった案をTwitterで見かけました。

また、既に別言語実装として、Python製のenvassert[†2]やserver-expects[†3]が存在します。特にenvassertはFabric[†4]上に実装されており、複数ホストに対して同時にテストができるという、Serverspecにはない特長も備えています。

今後、他にも別言語での実装が出てくるかもしれません。

7.4 Specinfraの方向性

Serverspecは既にある程度完成しているため、大きく変えるつもりはない、と「7.1 Serverspecの方向性」で述べましたが、Specinfraはまだまだ改善の余地があると考えています。

Specinfraの核となる、OSや実行形式を抽象化する機能は、元々Serverspec自身が持っていたものです。その機能をSpecinfraに分離したのは、RSpec記法のサーバ構成管理ツール（configspec）を半分は冗談で、半分はプルーフオブコンセプトとして開発したことがきっかけです。configspecの開発は、ほとんどがServerspecのコードからのコピペでした。であれば、共通部分を別のライブラリに切り出すことにより、サーバのテストやサーバ構築だけでなく、色々なことに応用できるのでは、と考えたのです。また、同様の指摘を当時の同僚のkentaro氏[†5]からも受けたことで、Specinfraが生まれました。

現在configspecは開発を行っていませんが、Specinfra上に実装されたサーバ構成管理ツールとして、ryotarai氏がItamaeを開発しており、既に実用できる段階になっています（Itamaeは「付録C Specinfraの Serverspec以外の利用例」でも取り上げています）。サーバ構成管理ツールに使えるSpecinfraの機能は、以前はパッケージインストールとファイルのアップロードぐらいしかありませんでしたが、

†2 https://pypi.python.org/pypi/envassert
†3 https://pypi.python.org/pypi/server-expects
†4 http://www.fabfile.org/
†5 https://github.com/kentaro

Itamaeの開発が進むとともに、Specinfra側にも機能が増えています。

とはいえ、まだまだ不十分であり、今後Specinfraには、サーバ構成管理ツールに必要となる機能が増えていく予定です。

7.5 Serverspecは今後も必要か？

Serverspecというツールが生まれたのは、サーバ構成管理ツールが複雑だったからです。したがって、複雑なサーバ構成管理ツールが不要になると、Serverspecも不要になるでしょう。

Dockerの登場により、複雑なサーバ構成管理ツールは不要になるという意見も出てきています。Dockerは、Dockerfileによってイメージの管理を行うわけですが、Dockerfileのシンプルさと、単機能なコンテナを組み合わせてサービスをつくるという方向性により、それが実現されようとしています。

サーバ構成管理がシンプルになり、テストが不要になり、Serverspecも不要になるというのは、素晴らしいことだと思います。実際にそうなって欲しいと願っています。

ですが、今のところまだそういった状況にはなっていないようです。Dockerfileは確かにシンプルですが、シンプルすぎてシェルスクリプトとあまり変わりないため、抽象度が低く、それゆえに逆に複雑になってしまうという面があります。したがって、Dockerfileが正しく想定通りにイメージを作成できるかを、Serverspecでテストするという状況はまだ続くと思われます。

7.6 本章のまとめ

- Serverspecは既にある程度完成されていると筆者は考えているため、今後大きく変えることは特に考えていません。
- RSpec以外の実装や、Ruby以外の実装が出てくるかもしれませんが、筆者自身で開発する予定はありません。他の方がよりよい実装のServerspec代替ツールを開発してくれるのを期待しています。
- Specinfraは今後、サーバ構成管理ツールのベースとなるのに必要な機能を補っていく予定です。
- Serverspecようなツールが必要な状況は今後まだ続くでしょう。

付録A リソースタイプリファレンス

Serverspecで利用できるリソースタイプの一覧と具体的な使い方です。すべてのリソースタイプがすべてのOSで利用できるわけではないことにご注意ください。

最新の情報については http://serverspec.org/resource_types.html をご参照ください。

cgroup

Linuxのcgroupをテストするためのリソースタイプです。次のように、指定されたグループのパラメータをテストすることができます。

```
describe cgroup('group1') do
  its('cpuset.cpus') { should eq 1 }
end
```

command

任意のコマンドを実行し、実行結果の標準出力、標準エラー出力、終了ステータスをテストするためのリソースタイプです。

stdout

コマンド実行結果の標準出力の内容をテストするには、次のように記述します。

```
describe command('ls -al /') do
  its(:stdout) { should match /bin/ }
end
```

stderr

コマンド実行結果の標準エラー出力の内容をテストするには、次のように記述します。

```
describe command('ls /foo') do
  its(:stderr) { should match /No such file or directory/ }
end
```

exit_status

コマンド実行結果の終了ステータスをテストするには、次のように記述します。

```
describe command('ls /foo') do
  its(:exit_status) { should eq 0 }
end
```

cron

crontabが指定されたエントリを保持しているかテストするためのリソースタイプです。

have_entry

テストは次のように記述します。

```
describe cron do
  it { should have_entry '* * * * * /usr/local/bin/foo' }
end
```

ユーザを指定してテストすることもできます。

```
describe cron do
  it { should have_entry('* * * * * /usr/local/bin/foo').with_user('mizzy') }
end
```

default_gateway

デフォルトゲートウェイの設定をテストするためのリソースタイプです。

ipaddress

デフォルトゲートウェイのIPアドレスが指定されたものに設定されているかテストするには、次のように記述します。

```
describe default_gateway do
  its(:ipaddress) { should eq '192.168.10.1' }
end
```

interface

デフォルトゲートウェイのネットワークインターフェースが指定されたものに設定されているかテストするには、次のように記述します。

```
describe default_gateway do
  its(:interface) { should eq 'br0' }
end
```

docker_container

Dockerコンテナをテストするためのリソースタイプです。

SpecinfraのDockerバックエンドを利用する場合、テスト対象ホストはDockerコンテナとなりますが、このリソースタイプを利用する場合は、テスト対象ホストは、Dockerコンテナが載っているホストであるという点に注意が必要です。

また、Dockerバックエンドではコンテナ内部の状態をテストするのに対し、このリソースタイプは、ホスト側から見たDockerコンテナの状態をテストするという違いもあります。

exist

指定されたDockerコンテナが存在するかテストするには、次のように記述します。

```
describe docker_container('c1') do
  it { should exist }
end
```

be_running

指定されたDockerコンテナが起動しているかテストするには、次のように記述します。

```
describe docker_container('c1') do
  it { should be_running }
end
```

inspection

`docker inspect`コマンドで得られるコンテナ情報のハッシュをテストするには、次のように記述します。

```
describe docker_container('c1') do
  its(:inspection) { should include 'Path' => '/bin/sh' }
end
```

ハッシュのキーを直接指定することもできます。

```
describe docker_container('c1') do
  its(['Path']) { should eq '/bin/sh' }
end
```

ネストしたハッシュキーは.（ドット）で繋いで指定します。

```
describe docker_container('c1') do
  its(['HostConfig.NetworkMode']) { should eq 'bridge' }
end
```

have_volume

コンテナ内の指定されたディレクトリが、ホストの指定されたディレクトリをマウントしているかテストするには、次のように記述します。

```
describe docker_container('c2') do
  it { should have_volume('/tmp', '/data') }
end
```

docker_image

Docker イメージをテストするためのリソースタイプです。

exist

指定されたDocker イメージが、テスト対象ホスト上にpull されているかテストするには、次のように記述します。

```
describe docker_image('busybox:latest') do
  it { should exist }
end
```

inspection

`docker inspect` コマンドで得られるイメージ情報のハッシュをテストするには、次のように記述します。

```
describe docker_image('busybox:latest') do
  its(:inspection) { should_not include 'Architecture' => 'i386' }
end
```

ハッシュのキーを直接指定することもできます。

```
describe docker_image('busybox:latest') do
  its(['Architecture']) { should eq 'amd64' }
end
```

ネストしたハッシュキーは .（ドット）で繋いで指定します。

```
describe docker_image('busybox:latest') do
  its(['Config.Cmd']) { should include '/bin/sh' }
end
```

file

ファイルとディレクトリをテストするためのリソースタイプです。

be_file

指定されたリソースがファイルであることをテストするには、次のように記述します。

```
describe file('/etc/passwd') do
  it { should be_file }
end
```

be_directory

指定されたリソースがディレクトリであることをテストするには、次のように記述します。

```
describe file('/var/log/httpd') do
  it { should be_directory }
end
```

be_socket

指定されたリソースがソケットであることをテストするには、次のように記述します。

```
describe file('/var/run/unicorn.sock') do
  it { should be_socket }
end
```

content

ファイルの内容に指定された文字列が含まれるかテストするには、次のように記述します。

```
describe file('/etc/httpd/conf/httpd.conf') do
  its(:content) { should match /ServerName www.example.jp/ }
end
```

contain

ファイルの内容に指定された文字列が含まれるかテストする別の書き方です。ただし、このマッチャは将来的に廃止される可能性があるので、前述の its(:content) を使うことを推奨します。

```
describe file('/etc/httpd/conf/httpd.conf') do
  it { should contain 'ServerName www.example.jp' }
end
```

特定の文字列の間にある文字列が含まれているかテストするは、次のように記述します。

```
describe file('Gemfile') do
  it { should contain('rspec').from(/^group :test do/).to(/^end/) }
end
```

特定の文字列の後にある文字列が含まれているかテストするは、次のように記述します。

```
describe file('Gemfile') do
  it { should contain('rspec').after(/^group :test do/) }
end
```

特定の文字列の前にある文字列が含まれているかテストするは、次のように記述します。

```
describe file('Gemfile') do
  it { should contain('rspec').before(/^end/) }
end
```

be_mode

ファイルのパーミッションをテストするには、次のように記述します。ただし、仕様上の制約により文字列で比較する必要があります。

また、後述するbe_readable、be_writable、be_executableの方がより意図が明確になるため、お勧めです。

```
describe file('/etc/sudoers') do
  it { should be_mode '440' }
end
```

be_owned_by

ファイルのオーナーユーザをテストするには、次のように記述します。

```
describe file('/etc/sudoers') do
  it { should be_owned_by 'root' }
end
```

be_grouped_into

ファイルのオーナーグループをテストするには、次のように記述します。

```
describe file('/etc/sudoers') do
  it { should be_grouped_into 'wheel' }
end
```

be_immutable

ファイルが変更不可になっているかテストするには、次のように記述します（現在のところLinuxのみ対応しています）。

```
describe file('/etc/sudoers') do
  it { should be_immutable }
end
```

be_linked_to

ファイルが指定されたファイルやディレクトリへのシンボリックリンクになっているかテストするには、次のように記述します。

```
describe file('/etc/system-release') do
  it { should be_linked_to '/etc/redhat-release' }
end
```

be_readable

ファイルが読み取り可能かテストするには、次のように記述します。これは、owner、group、othersのいずれか1つから読み取り可能になっていればテストは成功します。

```
describe file('/etc/sudoers') do
  it { should be_readable }
end
```

ownerから読み取り可能かテストするには、次のように記述します。

```
describe file('/etc/sudoers') do
  it { should be_readable.by(:owner) }
end
```

groupから読み取り可能かテストするには、次のように記述します。

```
describe file('/etc/sudoers') do
  it { should be_readable.by(:group) }
end
```

othersから読み取り可能かテストするには、次のように記述します。

```
describe file('/etc/sudoers') do
  it { should be_readable.by(:others) }
end
```

特定のユーザから読み取り可能かテストするには、次のように記述します。

```
describe file('/etc/sudoers') do
  it { should be_readable.by_user('apache') }
end
```

be_writable

ファイルが書き込み可能かテストするには、次のように記述します。これは、owner、group、othersのいずれが1つから書き込み可能になっていればテストは成功します。

```
describe file('/etc/sudoers') do
  it { should be_writable }
end
```

ownerから書き込み可能かテストするには、次のように記述します。

```
describe file('/etc/sudoers') do
  it { should be_writable.by(:owner) }
end
```

groupから書き込み可能かテストするには、次のように記述します。

```
describe file('/etc/sudoers') do
  it { should be_writable.by(:group) }
end
```

othersから書き込み可能かテストするには、次のように記述します。

```
describe file('/etc/sudoers') do
```

```
  it { should be_writable.by(:others) }
end
```

特定のユーザから書き込み可能かテストするには、次のように記述します。

```
describe file('/etc/sudoers') do
  it { should be_writable.by_user('apache') }
end
```

be_executable

ファイルが実行可能かテストするには、次のように記述します。これは、owner、group、others のいずれか 1 つから実行可能になっていればテストは成功します。

```
describe file('/etc/init.d/httpd') do
  it { should be_executable }
end
```

owner から実行可能かテストするには、次のように記述します。

```
describe file('/etc/init.d/httpd') do
  it { should be_executable.by(:owner) }
end
```

group から実行可能かテストするには、次のように記述します。

```
describe file('/etc/init.d/httpd') do
  it { should be_executable.by(:group) }
end
```

others から実行可能かテストするには、次のように記述します。

```
describe file('/etc/init.d/httpd') do
  it { should be_executable.by(:others) }
end
```

特定のユーザから実行可能かテストするには、次のように記述します。

```
describe file('/etc/init.d/httpd') do
  it { should be_executable.by_user('httpd') }
end
```

be_mounted

ディレクトリがマウントされているかテストするために次のように記述します。

```
describe file('/') do
  it { should be_mounted }
end
```

指定されたマウントオプションが設定されているかテストするには、次のように記述します。

```
describe file('/') do
  it { should be_mounted.with( :type => 'ext4' ) }
end

describe file('/') do
  it { should be_mounted.with( :options => { :rw => true } ) }
end
```

only_with を利用すると、指定されたマウントオプションと完全に一致するかテストすることができます。

```
describe file('/') do
  it do
    should be_mounted.only_with(
      :device  => '/dev/mapper/VolGroup-lv_root',
      :type    => 'ext4',
      :options => {
        :rw   => true,
        :mode => 620,
```

```
      }
    )
  end
end
```

be_version

be_version は Windows 専用のマッチャです。ファイルのメタデータで保持しているバージョンが指定されたものと一致するかテストします。

```
describe file('C:\\Windows\\System32\\wuapi.dll') do
  it { should be_version('7.6.7600.256') }
end
```

md5sum

ファイルの MD5 チェックサムが特定の値と一致するかテストするには、次のように記述します。

```
describe file('/etc/services') do
  its(:md5sum) { should eq '35435ea447c19f0ea5ef971837ab9ced' }
end
```

sha256sum

ファイルの SHA256 チェックサムが特定の値と一致するかテストするには、次のように記述します。

```
describe file('/etc/services') do
  its(:sha256sum) { should eq 'a861c49e9a76d64d0a756e1c9125ae3aa6b88df3f814a...' }
end
```

group

グループをテストするためのリソースタイプです。

exist

グループが存在するかテストするには、次のように記述します。

```
describe group('wheel') do
  it { should exist }
end
```

have_gid

グループのgidが特定の値と一致するかテストするには、次のように記述します。

```
describe group('root') do
  it { should have_gid 0 }
end
```

host

ホストをテストするためのリソースタイプです。これは他のホストが名前解決できるか、他のホストにICMP、TCP、UDPなどで接続できるかといった、どちらかといえば振る舞いをテストするためのものなので、将来的に廃止する可能性があります。

be_resolvable

テスト対象のホスト上で指定のホストが名前解決できるかテストするには、次のように記述します。

```
describe host('serverspec.org') do
  it { should be_resolvable }
end
```

/etc/hostsで名前解決できるかテストしたい場合には次のように記述します。

```
describe host('serverspec.org') do
  it { should be_resolvable.by('hosts') }
end
```

DNSで名前解決できるかテストしたい場合には次のように記述します。

```
describe host('serverspec.org') do
  it { should be_resolvable.by('dns') }
end
```

be_reachable

テスト対象のホストから指定のホストにICMP、TCP、UDPで到達できるかテストするには、次のように記述します。

ICMPでの到達確認テストは次のように記述します。

```
describe host('target.example.jp') do
  it { should be_reachable }
end
```

TCPで特定のポートに到達できるかテストするには、次のように記述します。

```
describe host('target.example.jp') do
  it { should be_reachable.with( :port => 22 ) }
end
```

TCPを明示的に示したい場合は次のように記述します。

```
describe host('target.example.jp') do
  it { should be_reachable.with( :port => 22, :proto => 'tcp' ) }
end
```

UDPで特定のポートに到達できるかテストするには、次のように記述します。

```
describe host('target.example.jp') do
  it { should be_reachable.with( :port => 53, :proto => 'udp' ) }
end
```

次のようにタイムアウトを指定することもできます。

```
describe host('target.example.jp') do
  it { should be_reachable.with( :port => 22, :proto => 'tcp', :timeout => 1 ) }
end
```

ipaddress

テスト対象のホスト上で、指定のホストを名前解決して得られるIPアドレスをテストすることができます。

```
describe host('example.jp') do
  its(:ipaddress) { should eq '1.2.3.4' }
end

describe host('example.jp') do
  its(:ipaddress) { should match /1\.2\.3\./ }
end
```

iis_app_pool

IISアプリケーションプールをテストするためのリソースタイプです。Windows専用です。

exist

指定されたIISアプリケーションプールが存在するかテストするには、次のように記述します。

```
describe iis_app_pool('Default App Pool') do
  it { should exist }
end
```

have_dotnet_version

IISアプリケーションプールが使用している.NETのバージョンをテストするには、次のように記述します。

```
describe iis_app_pool('Default App Pool') do
```

```
  it { should have_dotnet_version('2.0') }
end
```

have_32bit_enabled

IISアプリケーションプールで32bitが有効になっているかテストするには、次のように記述します。

```
describe iis_app_pool('Default App Pool') do
  it { should have_32bit_enabled }
end
```

have_idle_timeout

IISアプリケーションプールのアイドルタイムアウトの設定値をテストするには、次のように記述します。

```
describe iis_app_pool('Default App Pool') do
  it { should have_idle_timeout(5) }
end
```

have_identity_type

IISアプリケーションプールのIdentity Typeの設定値をテストするには、次のように記述します。

```
describe iis_app_pool('Default App Pool') do
  it { should have_identity_type('foo') }
end
```

have_periodic_restart

IISアプリケーションプールの定期リスタートの設定値をテストするには、次のように記述します。

```
describe iis_app_pool('Default App Pool') do
  it { should have_periodic_restart(60) }
```

```
end
```

have_user_profile_enabled

IISアプリケーションプールのユーザプロファイルが有効になっているかテストするには、次のように記述します。

```
describe iis_app_pool('Default App Pool') do
  it { should have_user_profile_enabled }
end
```

have_username

IISアプリケーションプールが使用するユーザ名をテストするには、次のように記述します。

```
describe iis_app_pool('Default App Pool') do
  it { should have_username('user') }
end
```

have_managed_pipeline_mode

IISアプリケーションプールのManaged Pipeline Modeをテストするには、次のように記述します。

```
describe iis_app_pool('Default App Pool') do
  it { should have_managed_pipeline_mode('mode') }
end
```

iis_web_site

IISウェブサイトをテストするためのリソースタイプです。Windows専用です。

exist

指定されたIISウェブサイトが存在するかテストするには、次のように記述します。

```
describe iis_website('Default Website') do
  it { should exist }
end
```

be_enabled

IIS ウェブサイトが自動起動するよう設定されているかテストするには、次のように記述します。

```
describe iis_website('Default Website') do
  it { should be_enabled }
end
```

be_running

IIS ウェブサイトが起動しているかテストするには、次のように記述します。

```
describe iis_website('Default Website') do
  it { should be_running }
end
```

be_in_app_pool

IIS ウェブサイトが正しいアプリケーションプールに割り当てられているかテストするには、次のように記述します。

```
describe iis_website('Default Website') do
  it { should be_in_app_pool('Default App Pool') }
end
```

have_physical_path

IIS ウェブサイトの Physical Path をテストするには、次のように記述します。

```
describe iis_website('Default Website') do
  it { should have_physical_path('C:\\inetpub\\www') }
end
```

have_site_bindings

IISウェブサイトのBindingsをテストするには、次のように記述します。

```
describe iis_website('Default Website') do
  it { should have_site_bindings('port').with_protocol('protocol')
    .with_ipaddress('ipaddress').with_host_header('host_header') }
end
```

have_virtual_dir

IISウェブサイトVirtual Directoryをテストするには、次のように記述します。

```
describe iis_website('Default Website') do
  it { should have_virtual_dir('vdir').with_path('path') }
end
```

have_site_application

IISウェブサイトのApplicationをテストするには、次のように記述します。

```
describe iis_website('Default Website') do
  it { should have_site_application('app').with_pool('pool')
    .with_physical_path('physical_path') }
end
```

interface

ネットワークインターフェースをテストするためのリソースタイプです。

speed

ネットワークインターフェースに設定された速度をテストするには、次のように記述します。

```
describe interface('eth0') do
  its(:speed) { should eq 1000 }
end
```

have_ipv4_address

ネットワークインターフェースに指定のIPv4アドレスが割り当てられているかテストするには、次のように記述します。

```
describe interface('eth0') do
  it { should have_ipv4_address('192.168.10.10') }
  it { should have_ipv4_address('192.168.10.10/24') }
end
```

have_ipv6_address

ネットワークインターフェースに指定のIPv6アドレスが割り当てられているかテストするには、次のように記述します。

```
describe interface('eth0') do
  it { should have_ipv6_address('2001:0db8:bd05:01d2:288a:1fc0:0001:10ee') }
end
```

ipfilter

Solarisのipfilterをテストするためのリソースタイプです。

have_rule

ipfilterに指定のルールが含まれるかテストするには、次のように記述します。

```
describe ipfilter do
  it { should have_rule 'pass in quick on lo0 all' }
end
```

ipnat

Solarisのipnatをテストするためのリソースタイプです。

have_rule

ipnatに指定のルールが含まれるかテストするには、次のように記述します。

```
describe ipnat do
  it { should have_rule 'map net1 192.168.0.0/24 -> 0.0.0.0/32' }
end
```

iptables

iptablesをテストするためのリソースタイプです。

have_rule

iptablesに指定のルールが含まれるかテストするには、次のように記述します。

```
describe iptables do
  it { should have_rule('-P INPUT ACCEPT') }
end
```

tableやchainも指定することができます。

```
describe iptables do
  it { should have_rule('-P INPUT ACCEPT').with_table('mangle').with_chain('INPUT') }
end
```

ip6tables

ip6tablesをテストするためのリソースタイプです。

have_rule

ip6tablesに指定のルールが含まれるかテストするには、次のように記述します。

```
describe ip6tables do
  it { should have_rule('-P INPUT ACCEPT') }
end
```

tableやchainも指定することができます。

```
describe ip6tables do
```

```
  it { should have_rule('-P INPUT ACCEPT').with_table('mangle').with_chain('INPUT') }
end
```

kernel_module

カーネルモジュールをテストするためのリソースタイプです。

be_loaded

指定のカーネルモジュールがロードされているかテストするには、次のように記述します。

```
describe kernel_module('virtio_balloon') do
  it { should be_loaded }
end
```

linux_kernel_parameter

Linux カーネルパラメータをテストするためのリソースタイプです。任意のパラメータの値をテストすることができます。

```
describe 'Linux kernel parameters' do
  context linux_kernel_parameter('net.ipv4.tcp_syncookies') do
    its(:value) { should eq 1 }
  end

  context linux_kernel_parameter('kernel.shmall') do
    its(:value) { should be >= 4294967296 }
  end

  context linux_kernel_parameter('kernel.shmmax') do
    its(:value) { should be <= 68719476736 }
  end

  context linux_kernel_parameter('kernel.osrelease') do
    its(:value) { should eq '2.6.32-131.0.15.el6.x86_64' }
  end
```

```
  context linux_kernel_parameter('net.ipv4.tcp_wmem') do
    its(:value) { should match /4096\t16384\t4194304/ }
  end
end
```

lxc

LXC（Linux Container）をテストするためのリソースタイプです。

exist

指定のLXCコンテナが存在するかテストするには、次のように記述します。

```
describe lxc('ct01') do
  it { should exist }
end
```

be_running

指定のLXCコンテナが起動しているかテストするには、次のように記述します。

```
describe lxc('ct01') do
  it { should be_running }
end
```

mail_alias

メールエイリアスをテストするためのリソースタイプです。

be_aliased_to

指定のエイリアスが正しくエイリアスされているかテストするには、次のように記述します。

```
describe mail_alias('daemon') do
  it { should be_aliased_to 'root' }
end
```

package

パッケージをテストするためのリソースタイプです。

be_installed

パッケージがインストールされているかテストするには、次のように記述します。

```
describe package('httpd') do
  it { should be_installed }
end
```

バージョン指定もできます。

```
describe package('httpd') do
  it { should be_installed.with_version('2.2.27') }
end
```

特定のパッケージプロバイダによってインストールされているかテストすることもできます。

```
describe package('jekyll') do
  it { should be_installed.by(:gem).with_version('0.12.1') }
end
```

2014年11月現在、gem、npm、pecl、pear、pip、cpanといったパッケージプロバイダに対応しています。

php_config

PHPの設定をテストするためのリソースタイプです。任意の設定パラメータの値をテストすることができます。

```
describe 'PHP config parameters' do
  context  php_config('default_mimetype') do
    its(:value) { should eq 'text/html' }
```

```
  end

  context php_config('session.cache_expire') do
    its(:value) { should eq 180 }
  end

  context php_config('mbstring.http_output_conv_mimetypes') do
    its(:value) { should match /application/ }
  end
end
```

port

ポートをテストするためのリソースタイプです。

be_listening

指定のポートがリッスンしているかテストするには、次のように記述します。

```
describe port(80) do
  it { should be_listening }
end
```

プロトコルの指定もできます。tcp、udp、tcp6（TCP on IPv6）、udp6（UDP on IPv6）から選択できます。

```
describe port(80) do
  it { should be_listening.with('tcp') }
end

describe port(80) do
  it { should be_listening.with('tcp6') }
end

describe port(53) do
  it { should be_listening.with('udp') }
end
```

```
describe port(53) do
  it { should be_listening.with('udp6') }
end
```

ppa

Ubuntu の PPA（Personal Package Archive）をテストするためのリソースタイプです。

exist

指定の PPA リポジトリが存在するかテストするには、次のように記述します。ppa:username/reponame または username/reponame という形式で指定します。

```
describe ppa('launchpad-username/ppa-name') do
  it { should exist }
end
```

be_enabled

指定の PPA リポジトリが有効かテストするには、次のように記述します。

```
describe ppa('launchpad-username/ppa-name') do
  it { should be_enabled }
end
```

process

プロセスをテストするためのリソースタイプです。

parameters

任意のプロセスパラメータをテストできます。例えば、引数をテストする場合には次のように記述します。

```
describe process('memcached') do
    its(:args) { should match /-c 32000\b/ }
end
```

このテストは実際には次のようなコマンドを実行しています。

```
$ ps -C memcached -o args=
```

したがって、`-o`に渡せるパラメータであればどんなものでも指定ができます。どのようなパラメータが存在するか確認したい場合は`ps(1)`のmanを参照してください。

同一名の複数のプロセスが存在する場合は、最初のプロセスだけがテスト対象となります。

be_running

プロセスが実行されているテストするには、次のように記述します。

```
describe process('memcached') do
  it { should be_running }
end
```

routing_table

ルーティングテーブルをテストするためのリソースタイプです。

have_entry

ルーティングテーブルに指定のエントリが含まれるかテストするには、次のように記述します。

```
describe routing_table do
  it do
    should have_entry(
      :destination => '192.168.100.0/24',
      :interface   => 'eth1',
      :gateway     => '192.168.10.1',
    )
  end
end
```

selinux

SELinuxをテストするためのリソースタイプです。

be_disabled/be_enforcing/be_permissive

SELinuxのモードが指定の状態になっているかテストするには、次のように記述します。

```
# SELinux should be disabled
describe selinux do
  it { should be_disabled }
end

# SELinux should be enforcing
describe selinux do
  it { should be_enforcing }
end

# SELinux should be permissive
describe selinux do
  it { should be_permissive }
end
```

selinux_module

SELinuxのポリシーモジュールをテストするためのリソースタイプです。

be_installed

ポリシーモジュールがインストールされているかテストするには、次のように記述します。

```
describe selinux_module('bootloader') do
  it { should be_installed }
end
```

バージョン指定もできます。

```
describe selinux_module('bootloader') do
  it { should be_installed.with_version('1.13.2') }
end
```

be_enabled

ポリシーモジュールが有効になっているかテストするには、次のように記述します。

```
describe selinux_module('bootloader') do
  it { should be_enabled }
end
```

service

サービスをテストするためのリソースタイプです。

be_enabled

OS起動時にサービスが自動起動するように設定されているかテストするには、次のように記述します。

```
describe service('ntpd') do
  it { should be_enabled }
end
```

特定のランレベルで有効になっているかテストするには、次のように記述します。

```
describe service('ntpd') do
  it { should be_enabled.with_level(3) }
end
```

be_installed

指定のサービスがインストールされているかテストするには、次のように記述します（現在Windowsのみサポートしています）。

```
describe service('DNS Client') do
  it { should be_installed }
end
```

be_running

指定のサービスが起動しているかテストするには、次のように記述します。

```
describe service('ntpd') do
  it { should be_running }
end
```

特定のプロセス制御ツールの元で起動しているかテストするには、次のように記述します。

```
describe service('ntpd') do
  it { should be_running.under(:supervisor) }
end
```

2014年11月現在、supervisorとupstartに対応しています。

be_monitored_by

サービスが指定のサービス監視ツールによって監視されているかテストするには、次のように記述します。

```
describe service('sshd') do
  it { should be_monitored_by(:monit) }
end
```

2014年11月現在、monitとgodに対応しています。

have_start_mode

サービスに指定の起動モードが設定されているかテストするには、次のように記述します（現在Windowsのみサポートしています）。

```
describe service('DNS Client') do
  it { should have_start_mode('Manual') }
end
```

user

ユーザをテストするためのリソースタイプです。

exist

ユーザが存在するかテストするには、次のように記述します。

```
describe user('root') do
  it { should exist }
end
```

belong_to_group

ユーザが指定のグループに所属しているかテストするには、次のように記述します。

```
describe user('apache') do
  it { should belong_to_group 'apache' }
end
```

belong_to_primary_group

ユーザが指定のプライマリグループに所属しているかテストするには、次のように記述します。

```
describe user('apache') do
  it { should belong_to_primary_group 'apache' }
end
```

have_uid

ユーザのuidをテストするには、次のように記述します。

```
describe user('root') do
  it { should have_uid 0 }
end
```

have_home_directory

ユーザのホームディレクトリをテストするには、次のように記述します。

```
describe user('root') do
  it { should have_home_directory '/root' }
end
```

have_login_shell

ユーザのログインシェルをテストするには、次のように記述します。

```
describe user('root') do
  it { should have_login_shell '/bin/bash' }
end
```

have_authorized_key

ユーザの authorized_key をテストするには、次のように記述します。

```
describe user('root') do
  it { should have_authorized_key 'ssh-rsa ABCDEF...UVWXYZ foo@bar.local' }
end
```

windows_feature

Windows の機能をテストするためのリソースタイプです。

be_installed

指定の Windows の機能がインストールされているかテストするには、次のように記述します。

```
describe windows_feature('Minesweeper') do
  it { should be_installed }
end
```

指定のプロバイダによってインストールされているかテストすることもできます。

```
describe windows_feature('IIS-Webserver') do
  it { should be_installed.by(:dism) }
end

describe windows_feature('Web-Webserver') do
  it { should be_installed.by(:powershell) }
end
```

windows_hot_fix

WindowsのHotFixをテストするためのリソースタイプです。

be_installed

指定のHotFixがインストールされているかテストするには、次のように記述します。

```
describe windows_hot_fix('DESCRIPTION-OR-KB-ID') do
  it { should be_installed }
end
```

バージョン指定もできます。

```
describe windows_hot_fix('DESCRIPTION') do
  it { should be_installed.with_version('KB-ID') }
end
```

windows_registry_key

Windowsレジストリをテストするためのリソースタイプです。マッチャに渡す値には次の識別子が利用可能です。

- :type_string
- :type_binary
- :type_dword
- :type_qword
- :type_multistring
- :type_expandstring

exist

指定のレジストリキーが存在するかテストするには、次のように記述します。

```
describe windows_registry_key('HKEY_USERS\S-1-5-21\Test MyKey') do
  it { should exist }
end
```

have_property

レジストリキーが持つプロパティをテストするには、次のように記述します。

```
describe windows_registry_key('HKEY_USERS\S-1-5-21\Test MyKey') do
  it { should have_property('string value') }
  it { should have_property('binary value', :type_binary) }
  it { should have_property('dword value', :type_dword) }
end
```

have_value

レジストリキーが持つ値をテストするには、次のように記述します。

```
describe windows_registry_key('HKEY_USERS\S-1-5-21\Test MyKey') do
  it { should have_value('test default data') }
end
```

have_property_value

レジストリキーが持つ値とそのデータタイプをテストするには、次のように記述します。

```
describe windows_registry_key('HKEY_USERS\S-1-5-21\Test MyKey') do
  it do
    should have_property_value(
      'multistring value', :type_multistring, "test\nmulti\nstring\ndata"
    )
  end
  it { should have_property_value('qword value', :type_qword, 'adff32') }
  it { should have_property_value('binary value', :type_binary, 'dfa0f066') }
end
```

windows_scheduled_task

Windowsタスクスケジューラをテストするためのリソースタイプです。

exist

指定のタスクが登録されているかテストするには、次のように記述します。

```
describe windows_scheduled_task('foo') do
  it { should exist }
end
```

yumrepo

Yumリポジトリをテストするためのリソースタイプです。

exist

指定のYumリポジトリが存在するかテストするには、次のように記述します。

```
describe yumrepo('epel') do
  it { should exist }
end
```

be_enabled

指定の Yum リポジトリが有効かテストするには、次のように記述します。

```
describe yumrepo('epel') do
  it { should be_enabled }
end
```

zfs

ZFS をテストするためのリソースタイプです。

exist

指定の ZFS プールが存在するかテストするには、次のように記述します。

```
describe zfs('rpool') do
  it { should exist }
end
```

have_property

ZFS プールが持つプロパティをテストするには、次のように記述します。

```
describe zfs('rpool') do
  it { should have_property 'mountpoint' => '/rpool', 'compression' => 'off' }
end
```

付録 B Serverspec/Specinfra v2 での変更点

Serverspec/Specinfra v1 から v2 での、特に Serverspec を利用する上で重要な変更点について記載します。主な変更は次の通りです。

RSpec 3 サポート
: Serverspec v1 は RSpec 2 をサポートしていましたが、Serverspec v2 からは RSpec 3 をサポートしています。

SpecInfra から Specinfra への名前変更
: 以前は SpecInfra でしたが、v2 からは Specinfra と名前を変更しています。

後方互換性について
: Serverspec v1 用に書かれたテストコードは、基本的にはそのまま動きますが、一部廃止されたマッチャがあり、そのマッチャを使用しているコードは動きません。廃止されたマッチャについては「B.1.1　廃止されたマッチャ」で具体的に解説します。

上記の 3 つに加えて「後方非互換な変更」と「新たな機能」も大きな変更点です。これらについて詳述します。

B.1　後方非互換な変更

B.1.1　廃止されたマッチャ

`command` リソースタイプの、`return_stdout`、`return_stderr`、`return_exit_status` は廃

止されました。したがって、次のようなテストコードはServerspec v2では動きません。

```
describe command('ls /tmp') do
  it { should return_stdout 'foo' }
  it { should return_stderr 'bar' }
  it { should return_exit_status 0 }
end
```

代わりに次のように記述してください。

```
describe command('ls /tmp') do
  its(:stdout) { should eq 'foo' }
  its(:stderr) { should match /bar/ }
  its(:exit_status) { should eq 0 }
end
```

また、fileリソースタイプの、match_md5checksum、match_sha256checksumも廃止されました。したがって、次のようなテストコードはServerspec v2では動きません。

```
describe file('/etc/services') do
  it { should match_md5checksum('fdcb69b5c0e9beb7d392fbc458bc6beb')
  it { should match_sha256sum('17feb8dc0817056a963c2861052d670b642c61f5625f...') }
end
```

代わりに次のように記述してください。

```
describe file('/etc/services') do
  its(:md5sum)    { should eq 'fdcb69b5c0e9beb7d392fbc458bc6beb' }
  its(:sha256sum) { should eq '17feb8dc0817056a963c2861052d670b642c61f5625f...' }
end
```

今後もこのように、RSpecの標準マッチャをできる限り使うように変更を行っていく予定です。

B.1.2　spec_helper.rbの非互換性

Serverspec v1用のspec_helper.rbは、v2ではそのまま使うことはできません。一度v2のserverspec-initでspec_helper.rbを生成し直し、それを元にカスタマイズを行ってください。

B.1.3　SpecInfra::Helper関連の変更

バックエンドヘルパー（SpecInfra::Helper::ExecやSpecInfra::Helper::Sshなど）とOS用ヘルパー（SpecInfra::Helper::DetectOSやSpecInfra::Helper::RedHatなど）は廃止されました。したがって、v2では次のようなコードがspec_helper.rbに記述されているとエラーとなります。

```
require 'serverspec'
include SpecInfra::Helper::Ssh
include SpecInfra::Helper::DetectOS
```

バックエンドヘルパーをincludeする代わりに、set :backendでバックエンドのタイプを指定します。また、OS自動検知はデフォルトの動作になったため、v1でSpecInfra::Helper::DetectOSをincludeしていたのに相当するコードはありません。何も記述していなくても、自動的にOSを検知します。

```
require 'serverspec'
set :backend, :ssh
```

OSを自動検知させずに固定にしたい場合には、次のように記述します。

```
set :os, :family => 'redhat'
```

B.1.4　sudo_prompt設定の廃止

SSHでsudoをつけてコマンドを実行する際に、sudoパスワード入力を促すプロンプト文字列を検知して、指定されたsudoパスワードを渡すような仕組みがSpecinfraにはあります。

プロンプト文字列は環境によって異なるため、テスト対象サーバが出力するプロンプト文字列が何かを、SpecInfra.configuration.sudo_promptに設定することで、プロンプト文字列の違いを吸収するという仕組みがv1にはありました。

v2ではsudo実行時に-pオプションでプロンプトを特定の文字列に強制するようにしました。そのため、sudo_promptの設定は不要となったので廃止しています。

B.1.5 osヘルパーメソッドの挙動変更

テスト対象ホストのOS情報を取得するためのosヘルパーメソッドで、次の2点が変更されています。

1. familyをすべて小文字で返すようになった。
2. releaseを正しく返すようになった。

v1では仕様上の制約により、次のようにOSのバージョンがreleaseには入らず、familyの方に入っていました。

```
[1] pry(main)> os
=> {:family=>"FreeBSD10", :release=>nil, :arch=>"x86_64"}
```

v2では次のように、正しくfamilyとreleaseを返すようになっています。

```
[1] pry(main)> os
=> {:family=>"freebsd", :release=>"10", :arch=>"x86_64"}
```

B.1.6 環境変数PATHの設定に関する変更

v1では環境変数PATHは次のように設定するようになっており、設定した値を$PATHの前に追加する仕様となっていました。

```
RSpec.configure do |c|
  c.path = '/sbin:/usr/local/sbin'
end

# Or
```

```
Specinfra.configuration.path = '/sbin:/usr/local/sbin'
```

この例では、環境変数PATHは/sbin:/usr/local/sbin:$PATHになります。そして、仕様上$PATHを先頭にしたい場合に対応できませんでした。

v2では次のように、$PATHも含めて設定するように仕様を変更しました。

```
set :path, '/sbin:/usr/local/sbin:$PATH'
```

これにより、$PATHの位置を自由に設定することができます。

B.2　新機能

B.2.1　Specinfra.configuration用シンタックスシュガー

Specinfra.configurationに値を設定する場合、v1では次のように記述します。

```
SpecInfra.configuration.host = 'localhost'
```

v2でも同様の記述が可能ですが、簡単に設定できるようにするためのsetメソッドを使うことができます。

```
set :host, 'localhost'
```

B.2.2　SSH接続まわりの設定

v1ではSSH接続のために、spec_helper.rb内で自分でNet::SSHオブジェクトを作成し、RSpec.configuration.sshまたはSpecInfra.configuration.sshにセットする必要がありました。

```
RSpec.configure do |c|
  c.ssh = Net::SSH.start('host.example.jp', 'user', :port => 2222)
end

# Or
```

```
SpecInfra.configuration.ssh
  = Net::SSH.start('host.example.jp', 'user', :port => 2222)
```

v2では次のように設定できるようになりました。

```
set :host, 'host.example.jp'
set :ssh_options, :user => 'user', port => 2222
```

B.2.3 環境変数の設定

v1では環境変数を自由に設定する方法がありませんでしたが、v2では次のように設定できるようになりました。

```
set :env, :LANG => 'C', :LC_MESSAGES => 'C'
```

また、環境変数LANGが指定されていない場合には、デフォルトでCがセットされます。

付録C Specinfra の Serverspec 以外の利用例

Specinfraは実行形式とOSを抽象化したコマンド実行フレームワークであり、Serverspec以外からの利用も可能です。というよりも、Serverspec以外からの利用を想定して、Serverspecから実行形式とOS抽象化の部分を抜き出したのがSpecinfraというのが正しいです。

C.1 Specinfra の単体利用

Specinfraは単体でも利用することができます。単体利用の例として、シェルスクリプトよりは抽象度が高いけれど、サーバ構成管理ツールよりはシンプルなサーバ構築スクリプトを書いてみます。

次のRubyスクリプトでは、Vagrant VMを対象として、nginxパッケージのインストール、設定ファイルの置き換え、設定ファイルのシンタックスチェック、サービスの自動起動設定と起動を行っています。

```
#!/usr/bin/env ruby

require 'specinfra'
require 'specinfra/helper/set'
include Specinfra::Helper::Set
require 'net/ssh'
require 'tempfile'

host = ARGV[0]

config = Tempfile.new('', Dir.tmpdir)
```

```
options = Net::SSH::Config.for(host)

set :backend, :ssh
set :host, options.delete(:host_name)
set :ssh_options, options

runner = Specinfra::Runner

runner.install_package('nginx')

runner.send_file('nginx.conf', '/etc/nginx/nginx.conf')
puts runner.run_command('nginx -t').stderr

runner.enable_service('nginx')
runner.start_service('nginx')
```

引数に Vagrant VM の名前を与えて実行します。

```
$ ./setup.rb ubuntu1404
nginx: the configuration file /etc/nginx/nginx.conf syntax is ok
nginx: configuration file /etc/nginx/nginx.conf test is successful
```

この程度の内容であればシェルスクリプトで十分ですが、セットアップ対象ホストを外部のシステムから取得したり、条件によって処理内容を変更したり、ロール毎にファイルを分けたり、と、少し複雑なことをやりたい場合には、このように Specinfra を活用して Ruby でコードを書く方が、より対応しやすいでしょう。

C.2 Itamae

前節では Specinfra を利用した簡易的なサーバ構築スクリプトを書いてみました。しかしある程度処理が複雑になってくると、やはり Puppet や Chef のようなサーバ構成管理ツールを使いたくなります。とは言え、Puppet や Chef はツールとして規模が大きく、セットアップ対象にエージェントのインストールが必要なので、手軽に利用できるものではありません。また、Ansible はエージェントレスで手軽に使えますが、サーバの状態を YAML で記述するという仕様は筆者はあまり好きではありません。

Itamaeはryotarai氏により開発されているサーバ構成管理ツールで、エージェントレスで手軽に使え、Chefに似たRuby DSLでサーバの状態を記述できるといった特長があります。ItamaeのコマンドはSpecinfraが使われています。

ここではItamaeの紹介を兼ねて、基本的な使い方について簡単に解説します。

Itamaeのインストールは次のように行います。

```
$ gem install itamae
```

nginxパッケージをインストールするレシピは次のようになります。

```
package 'nginx' do
  action :install
end
```

このレシピをrecipe.rbというファイルに保存し、ローカルホストに適用するには、次のように実行します。

```
$ itamae local recipe.rb
 INFO : Starting Itamae...
 INFO : Recipe: /Users/mizzy/src/serverspec-integration-test/recipe.rb
 INFO :    package ({:name=>"nginx"})...
 INFO :       action: install
 INFO :          installed? will change from 'false' to 'true'
```

SSH経由でリモートホストに適用するには次のように実行します。

```
$ itamae ssh -h host001.example.com -u user -i /path/to/private_key recipe.rb
 INFO : Starting Itamae...
 INFO : Recipe: /Users/mizzy/src/serverspec-integration-test/recipe.rb
 INFO :    package ({:name=>"nginx"})...
 INFO :       action: install
 INFO :          installed? will change from 'false' to 'true'
```

Vagrant VMへ適用する場合には、次のように--vagrantオプションを指定します。

```
$ itamae ssh --host=ubuntu1404 --vagrant recipe.rb
 INFO : Starting Itamae...
 INFO : Recipe: /Users/mizzy/src/serverspec-integration-test/recipe.rb
 INFO :    package ({:name=>"nginx"})...
 INFO :       action: install
 INFO :          installed? will change from 'false' to 'true'
```

Itamaeの詳しい使い方は、GitHub上のryotarai/itamaeリポジトリにあるREADME[†1]やWiki[†2]を参照してください。

†1　https://github.com/ryotarai/itamae/blob/master/README.md
†2　https://github.com/ryotarai/itamae/wiki

付録D
Windowsのテスト

Windows ホストに WinRM でリモート接続してテストする場合の手順について解説します。Windows ホスト側の設定については解説しません。

あらかじめ Serverspec を実行するホスト上に winrm gem をインストールしておきます。

```
$ gem install winrm
```

Windows 用の設定も serverspec-init で生成することができます。

```
$ serverspec-init
Select OS type:

  1) UN*X
  2) Windows

Select number: 2

Select a backend type:

  1) WinRM
  2) Cmd (local)

Select number: 1

Input target host name: host001.example.com
 + spec/
```

```
+ spec/host001.example.com/
+ spec/host001.example.com/sample_spec.rb
+ spec/spec_helper.rb
+ Rakefile
```

生成されたspec_helper.rbの<username>と<password>の部分を、WinRMで接続するユーザ名とパスワードに変更します。WinRMの接続パラメータも必要であれば変更します。

```
require 'serverspec'
require 'winrm'

set :backend, :winrm

user = <username>
pass = <password>
endpoint = "http://#{ENV['TARGET_HOST']}:5985/wsman"

winrm = ::WinRM::WinRMWebService.new(
  endpoint,
  :ssl,
  :user            => user,
  :pass            => pass,
  :basic_auth_only => true
)
winrm.set_timeout 300 # 5 minutes max timeout for any operation
set :winrm, winrm
```

serverspec-initで生成されたsample_spec.rbはUNIX系OS用のサンプルなので、次のように書き換えます。

```
require 'spec_helper'

describe file('C:\Windows') do
  it { should be_directory }
end
```

実行してみます。

```
$ rake spec

File "C:\Windows"
  should be directory

Finished in 9 seconds (files took 1.79 seconds to load)
1 example, 0 failures
```

筆者がWindowsを利用していないため、UNIX系OSと比較して対応が不十分な面もありますが、基本的に本書で解説した内容は、Windowsにも適用できる部分は多いです。

付録 E
Serverspecを活用するために参考となる書籍や雑誌

本書ではServerspecそのものについて深く掘り下げましたが、活用するにあたって周辺情報の理解も必要となります。そのために参考となる書籍や雑誌を紹介します。

『ウェブオペレーション』（オライリー・ジャパン）
: ウェブアプリケーションの運用や保守に関するエッセイ集です。この中のアダムジェイコブ氏による「5章 コードとしてのインフラ」は、Serverspecの根底思想にある「Infrastructure as Code」を簡潔かつ明晰に解説しています。

『Test-Driven Infrastructure with Chef, 2nd Edition』（O'Reilly Media、和書未刊）
: Chefを利用したテスト駆動インフラについて解説した書籍で、Serverspecも取り上げられています。

『サーバ／インフラ徹底攻略』（技術評論社）
: 伊藤直也氏による巻頭企画記事「［入門］コードによるインフラ構築」の「第2章 Serverspecによるテスト駆動インフラ構築」にて、VagrantとChef-Soloを組み合わせたServerspecの利用方法を解説しています。また、筆者による特集記事「テスト駆動インフラ＆CI最前線」にて、テスト駆動インフラやインフラCIの概要や、実運用レベルで実践するための具体的な方法などを解説しています。

『実践Vagrant』（オライリー・ジャパン）
: Vagrantの使い方からプラグインの開発方法まで解説している書籍です。Vagrantは「Infrastructure as Code」の実践には欠かせないツールであり、Serverspecともよく組み合わせて利用されています。

索 引

記号・数字

A

B

C

D

E

F

G

M

N

O

P

R

S

T

U

V

W

Y

Z

あ行

か行

さ行

た行

な行

は行

ま行

や行

ら行

わ行

● 著者紹介

宮下 剛輔（みやした ごうすけ）
1975年北海道根室市生まれ。1997年北海道大学経済学部経営学科卒業。SIerでのプリセールスエンジニア、Web系企業でのテクニカルマネージャ職を経て、2014年4月からフリーのソフトウェアエンジニアとして、OSやミドルウェアレイヤーを中心としつつも、アプリケーションまで含めた自動化・省力化・継続的改善をテーマに活動中。現在はクックパッド社でのインフラ整備を主な生業としている。サイトはhttp://mizzy.org/

● カバーの説明

表紙の動物は、エトロフウミスズメ（Crested Auklet）です。ウミスズメ科の小型の海鳥で、北太平洋とベーリング海のいたるところに生息します。海の中に飛び込んでオキアミなどの小さな海洋生物を取り、エサとしています。繁殖地では最大で100万羽が密集し、大規模なコロニー（集団繁殖地）を作ります。このコロニーには同種でより小型のウミスズメが混ざることもあります。

オスもメスも額の上にカラフルな羽を持っています。柑橘系の匂いを発し、トランペットのような声で鳴きますが、これらは雌雄選択から進化したものと考えられています。

全個体数はおよそ600万羽で、その半数が北アメリカに暮らしています。アラスカでは捕食と石油流出による海洋汚染で数が減少していますが、絶滅の危険は比較的少ない「軽度懸念」（Least Concern。国際自然保護連合が定めた低リスクの下位カテゴリーの下位）に指定されています。

Serverspec

2015年1月16日　初版第1刷発行

著　　者　宮下 剛輔（みやした ごうすけ）
発 行 人　ティム・オライリー
印刷・製本　株式会社平河工業社
発 行 所　株式会社オライリー・ジャパン
〒160-0002　東京都新宿区坂町26番地27　インテリジェントプラザビル1F
Tel　(03)3356-5227
Fax　(03)3356-5263
電子メール　japan@oreilly.co.jp
発 売 元　株式会社オーム社
〒101-8460　東京都千代田区神田錦町3-1
Tel　(03)3233-0641（代表）
Fax　(03)3233-3440

Printed in Japan（ISBN978-4-87311-709-6）
乱丁、落丁の際はお取り替えいたします。

本書は著作権上の保護を受けています。本書の一部あるいは全部について、株式会社オライリー・ジャパンから文書による許諾を得ずに、いかなる方法においても無断で複写、複製することは禁じられています。